3ステップ
でしっかり学ぶ

Python
入門 改訂2版

山田祥寛、山田奈美［著］

技術評論社

●ご利用前に必ずお読みください

本書に記載された内容は、情報の提供のみを目的としています。したがって、本書を用いた運用は、必ず
お客様自身の責任と判断によって行ってください。これらの情報の運用の結果、いかなる障害が発生しても、
技術評論社および著者はいかなる責任も負いません。
また、本書記載の情報は、2024年12月現在のものを掲載しております。ご利用時には、変更されている
可能性があります。

本書で仕様したサンプルファイルは下記のサイトより入手できます。
詳しくは「サンプルファイルの使い方」をお読みになった上でご利用ください。

   https://gihyo.jp/book/2025/978-4-297-14766-2/support/

本書の内容およびサンプルファイルは、次の環境にて動作確認を行っています。

- OS   Windows 11 ／ macOS Sequoia
- Python   Python 3.13.0
- Visual Studio Code   Visual Studio Code 1.94.2

以上の注意事項をご承諾いただいた上で、本書をご利用願います。これらの注意事項に関わる理由に基
づく、返金、返本を含む、あらゆる対処を、技術評論社および著者は行いません。あらかじめ、ご承知お
きください。

※Microsoft、Windowsは米国Microsoft Corporationの米国ならびに他の国における商標または登録商標です。その他、
本文中に記載されている社名、商品名、製品等の名称は、関係各社の商標または登録商標です。本文中に™、®、©は
明記しておりません。

はじめに

本書は、Python（パイソン）というプログラミング言語を学ぶための入門書です。

Pythonはシンプルな言語ですが、本格的なアプリを作ることもできて、とても人気があります。皆さんご存知のGoogleやYouTubeなどでも採用されていますし、サービスとしてはDropbox、Instagram、Evernoteなどでも使われています。また、最近では、機械学習やディープラーニングといった人工知能（AI）の分野で注目を浴びている言語です。

そんなPythonをこの本で皆さんと一緒に、楽しく学習できればと思います。

本書では、Pythonの基礎を「予習」「体験」「理解」という3ステップのレッスン形式で解説しています。章末には、練習問題も用意していますので、理解度チェックに利用してください。

前半は、「プログラミングとは」から始まり、学習するための環境を整え、コマンドやファイルの実行方法、変数やデータ型について学びます。6章以降では、条件分岐、繰り返し処理、基本ライブラリなどを説明し、しっかりと基礎固めをしていきます。そして、後半では、ユーザー定義関数やクラスなどを扱い、より実践的なプログラミングについて紹介します。

本書が、皆さんにとってPythonとの良い出会い＆思い出の一冊となり、今後の役に立つことを祈っています。

なお、本書に関するサポートサイトを以下のURLで公開しています。本書に関するFAQ情報、オンライン公開記事などの情報を掲載していますので、合わせてご利用ください。

https://wings.msn.to/

最後にはなりましたが、タイトなスケジュールの中で筆者の無理を調整いただいた技術評論社の編集諸氏、手抜きな時短料理をおいしく食べてくれた息子に心から感謝いたします。

2024年12月吉日

山田奈美

目次

はじめに ……………………………………………………………………… 003

本書の使い方 ………………………………………………………………… 008

第1章 Pythonの基礎知識

1-1 プログラムの概念を理解する ……………………………… 012

1-2 Pythonの概要を理解する ……………………………………… 016

1-3 オブジェクト指向言語の考え方を理解する ………… 022

◉第1章 練習問題 …………………………………………………… 026

第2章 プログラミングの準備

2-1 Pythonをインストールする ………………………………… 028

2-2 Visual Studio Codeをインストールする ………… 036

2-3 学習のための準備を進める …………………………………… 046

◉第2章 練習問題 …………………………………………………… 050

第3章 はじめてのPython

3-1 Pythonと対話する ……………………………………………… 052

3-2 スクリプトファイルを実行する ………………………… 058

3-3 文字列を扱う ……………………………………………………… 066

3-4 コードを読みやすく整形する ……………………………… 072

◉第3章 練習問題 …………………………………………………… 080

Contents

第4章 変数と演算

4-1 プログラムのデータを扱う ……………………… 082

4-2 データに名前を付けて取り扱う ……………………… 088

4-3 ユーザーからの入力を受け取る ……………………… 096

●第4章 練習問題 ……………………… 102

第5章 データ構造

5-1 複数の値をまとめて管理する ……………………… 104

5-2 リストに紐づいた関数を呼び出す ……………………… 110

5-3 キー／値の組みでデータを管理する ……………………… 118

5-4 重複のない値セットを管理する ……………………… 128

●第5章 練習問題 ……………………… 134

第6章 条件分岐

6-1 2つの値を比較する ……………………… 136

6-2 条件に応じて処理を分岐する ……………………… 144

6-3 より複雑な分岐を試す（1） ……………………… 150

6-4 より複雑な分岐を試す（2） ……………………… 156

6-5 複合的な条件を表す ……………………… 162

6-6 複数の分岐を簡単に表す ……………………… 168

●第6章 練習問題 ……………………… 174

第7章 繰り返し処理

7-1 条件を満たしている間だけ処理を繰り返す ………… 176

7-2 リストや辞書から順に値を取り出す ……………… 180

7-3 指定された回数だけ処理を繰り返す ……………… 188

7-4 強制的にループを中断する ……………………… 196

7-5 ループの現在の周回をスキップする ……………… 202

◉第7章 練習問題 …………………………………… 206

第8章 基本ライブラリ

8-1 文字列を操作する ………………………………… 208

8-2 基本的な数学演算を実行する …………………… 216

8-3 日付／時刻を操作する …………………………… 222

8-4 テキストファイルに文字列を書き込む …………… 230

8-5 テキストファイルから文字列を読み込む ………… 236

◉第8章 練習問題 …………………………………… 244

Contents

第9章 ユーザー定義関数

9-1	基本的な関数を理解する	246
9-2	変数の有効範囲を理解する	250
9-3	引数にデフォルト値を設定する	258
9-4	関数を別ファイル化する	266
◉第9章	練習問題	274

第10章 クラス

10-1	基本的なクラスを理解する	276
10-2	クラスにメソッドを追加する	286
10-3	クラスの機能を引き継ぐ	292
10-4	Pythonで型を宣言する	298
◉第10章	練習問題	304

| 練習問題解答 | 305 |
| 索引 | 316 |

本書の使い方

本書は、Pythonを使ってプログラミングを行うための方法を学ぶ書籍です。
各節は、次の3段階の構成になっています。
本書の特徴を理解し、効率的に学習を進めてください。

著者紹介

山田 祥寛 (やまだ よしひろ)

静岡県榛原町生まれ。一橋大学経済学部卒業後、NEC にてシステム企画業務に携わるが、2003年4月に念願かなってフリーライターに転身。Microsoft MVP for Visual Studio and Development Technologies。執筆コミュニティ「WINGS プロジェクト」の代表でもある。

主な著書

「改訂3版 JavaScript 本格入門」
「Ruby on Rails アプリケーションプログラミング」（以上、技術評論社）、
「独習シリーズ（Python・C#・Java・ASP.NET Core・PHP・Ruby など）」（以上、翔泳社）、
「これからはじめる React 実践入門」「これからはじめる Vue.js 3 実践入門」（以上、SB クリエイティブ）、
「書き込み式 SQL のドリル 改訂新版」（日経 BP 社）、
「速習シリーズ（Astro・ASP.NET Core・React・Vue.js・TypeScript・ECMAScript・Laravel）」（Kindle）など。

山田 奈美 (やまだ なみ)

広島県福山市生まれ。武蔵野音楽大学卒業後、中学校の非常勤講師やピアノ講師などに携わる。現在は、WINGS プロジェクトスタッフ兼ピアノ講師。
自宅ピアノ教室にて、子どもから大人まで指導。また、一児の母。2つの仕事と家事などで多忙な日々を送っている。

主な著書

「3ステップでしっかり学ぶ MySQL 入門 ［改訂第3版］」（技術評論社）、
「改訂3版 基礎 PHP」（インプレス）など。

Pythonの基礎知識

1-1 プログラムの概念を理解する

1-2 Pythonの概要を理解する

1-3 オブジェクト指向言語の考え方を理解する

◉第1章　練習問題

第1章 Pythonの基礎知識

1 プログラムの概念を理解する

完成ファイル｜なし

予習 Pythonはプログラミング言語

Python（パイソン）は、グイド・ヴァンロッサム氏によって作られたプログラミング言語です。もっとも、本書を手に取ったばかりの皆さんは、いきなりプログラミング言語と言われても戸惑ってしまうかもしれません。そこでまずは、一般的な概念としての「プログラムとは」という話題から説明していくことにしましょう。

また、こうした技術系の入門書では、最初からさまざまなキーワードが登場するため、そもそも「言葉の難しさにくじけてしまう」という人も多いかもしれません。ここでは、そうした入門書でよく出てくるキーワードについても整理しておきます。

理解　プログラムと関連するキーワードを理解する

プログラミング言語とは？

コンピューターはさまざまなことを便利に片づけてくれる機械ですが、それ自身でなにかを考えて動くことはできません。基本的には「誰かからなんらかの指示」を受けてからしか動けないのがコンピューターなのです。

もっとも、コンピューターには口頭で「○○しておいて」では伝わりませんし、日本語で「○○しておいて」と書いても同じです。コンピューターに伝わるような言語で指示を書かなければなりません。

コンピューターに伝わるような言語、それが **プログラミング言語** です。また、プログラミング言語によって書かれたコンピューターへの指示書のことを **プログラム** と言います。

また、プログラムを書く人のことを **プログラマー**、プログラムを書くことを **プログラミング** などとも言いますので、合わせて覚えておくと良いでしょう。

COLUMN　アプリケーション

プログラムとよく似たキーワードとして、**アプリケーション**（**アプリ**）という言葉もあります。たとえば、皆さんがコンピューターの上で利用しているワープロや表計算、ゲームなどはアプリです。

コンピューターになにかをさせるためのものという意味では、ほとんどプログラムと同じですが、プログラムが指示書そのものを表すのに対して、アプリとは指示書（プログラム）だけでなく、関連するデータ（画像など）や設定ファイルなどを含めたより大きな塊と言えます。

プログラムとは？

さて、コンピューターへの指示書であるプログラム。プログラムと言うと、運動会やコンサートのプログラムを思い浮かべるかもしれません。その通り、同じものです。

運動会のプログラムは、人間が運動会をどのように進めるかという段取りを書き記したものですが、コンピューターのプログラムはコンピューターがどのように作業を進めるのかを記したものです。

```
●○小学校 運動会
開会式
1.  ラジオ体操
2.  大玉ころがし（全学年）
3.  ゴールめざして（1年生）
…
20. 学年対抗リレー
閉会式
```

```python
import math

def getcircle(radius = 1):
    return radius * radius * math.pi

if __name__ == "__main__":
    print(getcircle(10), 'cm^2')
    print(getcircle(7), 'cm^2')
```

COLUMN　プログラミングの特殊性

ただし、運動会のプログラムであれば「玉入れ」と書いてあれば、あとは先生方が生徒たちを動かしてくれますが、コンピューターはそうはいきません。「誰がいつどこに集合して」「どういうルートで入場して」「どういうルールで競技を進めるか」をあらかじめ事細かに記していく必要があります。

プログラミングに難しいところがあるとしたら、こうした手順をどこまで細かく分解できるか、という点にあると思います。皆さんも、プログラムを勉強していく中で、単に言語の文法を覚えるだけでなく、日常的な行動の「分解」を心掛け、「コンピューターに指示するならば、どう言ったら良いか？」を意識してみると、プログラミングがより頭に入ってきやすくなるのではないでしょうか。

高級言語とマシン語

一般的に、コンピューターは0と1だけで対話します。つまり、コンピューターで指示を出す時にも0と1の並びでもって表さなければなりません。このような0、1で表される言語のことを**マシン語**と言います。

もっとも、人間が0と1だけの指示書を書くのは困難です（もちろん、読むのも）。そこで現在では、人間にとってよりわかりやすい、一般的には、英語によく似た**高級言語**を利用します。

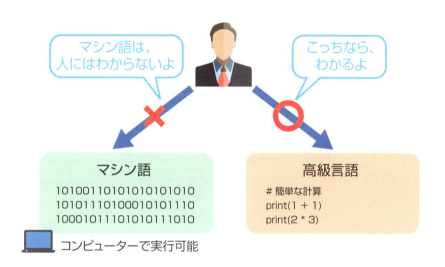

プログラミング言語は、大きくマシン語と高級言語とに分類できますが、近年では単にプログラミング言語と言ったら、高級言語を指します。本書のテーマであるPythonもまた、高級言語の一種です。もちろん、高級言語はそのままではコンピューターが理解できません。では、これをどのようにコンピューターに引き渡すのか、これについては次の節で解説します。

=== まとめ ===

- ▶コンピューターへの指示書を「プログラム」、プログラムを書くための言語のことを「プログラミング言語」と呼ぶ
- ▶プログラミング言語は「マシン語」と「高級言語」に分類できる。Pythonをはじめ、現在よく使われているのは高級言語である

第1章 Pythonの基礎知識

2 Pythonの概要を理解する

完成ファイル｜なし

予習 Pythonとは？

本書のテーマであるPythonはプログラミング言語の一種です。もっとも、プログラミング言語と一言で言っても、世の中にはさまざまな言語があります。その中で、Pythonを選択する理由としては、どのようなポイントがあるのでしょうか。

本節では、以下のポイントからPythonの特徴について理解するとともに、プログラミングを進める上で知っておきたいキーワードを拡げることにしましょう。

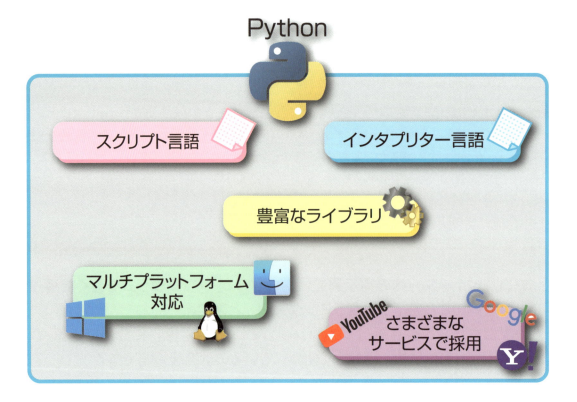

理解 Pythonの特徴を理解する

Pythonはカンタン

Pythonの特徴はなんと言っても文法がシンプルで、習得がカンタンという点にあります。
プログラミング言語には、さまざまな種類があります。その中には、大規模な開発に向いた言語もありますが、そのような言語は往々にして、コード量が膨らみがちです。厳密に、きちんとしたコードを表しやすい分、簡単なことでも回りくどく表さなければならないのです。
回りくどいということは、最初の一歩を踏み出すまでに学ばなければならないこと、準備しなければならないことも多いということです。以下は、「Hello, World!」を表示するためのPythonのプログラムと、Javaという言語で書かれたプログラムの比較です。

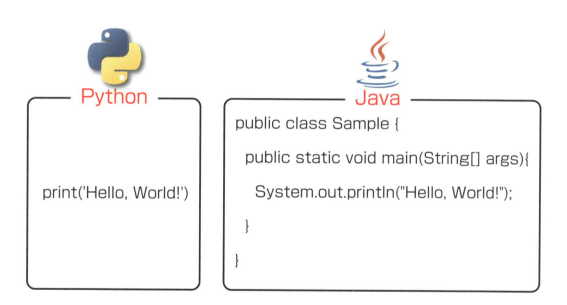

もちろん一概には言えませんが、Pythonの方がぐんとシンプルに表せることがわかりますね。
ちなみに、Pythonのようにシンプル、カンタンに重きを置いた言語のことを、プログラミング言語の中でも**スクリプト言語**と呼びます（また、スクリプト言語で書かれたプログラムのことを**スクリプト**とも言います）。
スクリプト（script）とは英語で「台本、脚本」のことで、コンピューターに対して「なにをしてほしいか」を脚本のような手軽さで表せる言語、という意味が込められています。

Pythonはインタプリター言語

前節では、コンピューターは0と1しか理解できないと説明しました。対するに、一般的な高級言語は英語によく似た表現でプログラムを表します。そのようなプログラムを、もちろんコンピューターはそのままでは理解できません。

そこで高級言語で書かれたプログラムを実行するには、**コンパイル**（一括翻訳）という作業が必要になります。英語（的な）手順書を、コンピューターが理解できる0と1に置き換えてやるのです（変更した結果を**実行形式**と言います）。

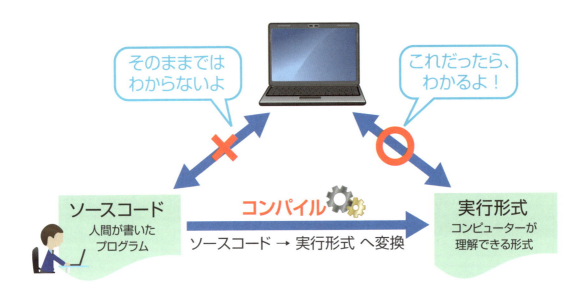

> **COLUMN　ソースコード**
>
> 実行形式に対して、人間が書いた状態のプログラムのことを**ソースコード**、または単に**コード**と呼ぶこともあります。

Javaのような言語は、人間が書いたプログラムをいったんコンパイルして、できた実行形式を実行することから、**コンパイル言語**と呼ばれます。

一方、Pythonも、実行に際して「翻訳」が必要な点は同じですが、これを意識する必要がありません。スクリプトを実行すると、リアルタイムに翻訳しながら、そのまま実行してくれるからです。このような言語のことを**インタプリター（逐次翻訳）言語**と呼びます。

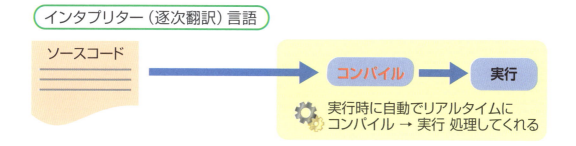

インタプリター言語は、スクリプトを書き直しても、いちいちコンパイルし直さず、そのまま実行できるので、トライ＆エラー、リトライが容易です。この辺もPythonがカンタンと言われる理由です。

Pythonはクロスプラットフォームな言語

Pythonを実行するには、Pythonの実行エンジンがあれば十分です。対応する実行エンジンがあれば、あとは、Windowsをはじめ、macOS、Linuxなど、現在よく使われている主なプラットフォームで、Pythonは同じように動作します。

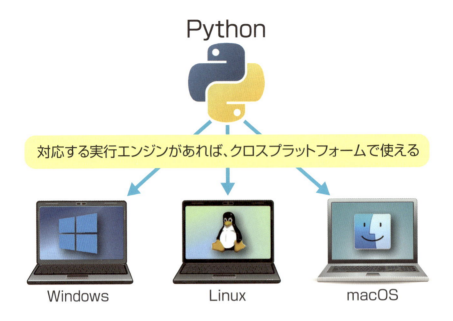

Pythonはライブラリが豊富

一般的に、プログラミング言語では言語そのものだけではなく、プログラムを作成するための便利な道具と一緒に提供されています。このような道具のことを ライブラリ と言います。

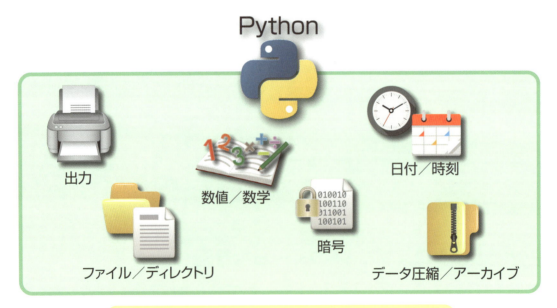

Pythonでは、標準ライブラリが豊富に用意されており、Pythonをインストールしただけでさまざまなことができます。のみならず、外部ライブラリとして、画像描画、機械学習、数学計算のライブラリが潤沢であるのも特徴です。これらライブラリのおかげで、Pythonでは現在流行りの人工知能（AI）、ディープラーニング（深層学習）などの分野でも好んで使われることが増えています。

> **COLUMN さまざまなサービスで利用されている**
>
> Pythonは、その潤沢な機能性がゆえに、既にさまざまな企業、サービスでも利用されています。有名どころではGoogle、Yahoo!、YouTubeがPythonを採用していますし、サービスとしてはDropbox（ドロップボックス）、Instagram（インスタグラム）、Evernote（エバーノート）などでもPythonが使われています。

まとめ

- ▶ 手軽さ、簡単さに重きを置いたプログラミング言語のことを「スクリプト言語」と呼ぶ
- ▶ プログラムをいったん実行形式に翻訳してから実行する言語を「コンパイル言語」と呼ぶ
- ▶ プログラムを逐次翻訳しながら実行する言語を「インタプリター言語」と呼ぶ。Pythonもインタプリター言語である

第1章 Pythonの基礎知識

3 オブジェクト指向言語の考え方を理解する

完成ファイル | なし

予習 Pythonはマルチパラダイム言語

プログラムの書き方という観点からは、Pythonは**マルチパラダイム言語**とも呼ばれます。マルチパラダイムとは、さまざまな概念に対応している、という意味です。
具体的には、以下のような概念があります。

- コンピューターへの指示を手順を追って表していく**手続き型言語**

手続き型言語

- 関数（ある決められた機能を持つしくみ）を組み合わせる**関数型言語**

関数型言語

- プログラムで扱う対象をモノ（オブジェクト）として扱う<mark>オブジェクト指向言語</mark>

これらさまざまなパラダイムを柔軟に組み合わせながら（または、使い分けながら）、プログラムを作成できるのもPythonの特徴の1つです。

これらパラダイムの中でも、現在主流となっているのが「オブジェクト指向」という考え方です。本節では、このオブジェクト指向について、基本的な概念をまとめておきます。

COLUMN　Pythonという名前の由来

Pythonという名前は、Python開発者のグイド＝ヴァンロッサム氏が「空飛ぶモンティ・パイソン」というイギリスのコメディ番組のファンだったことから付けられています。

ちなみに、Pythonは英語で「ニシキヘビ」という意味で、Pythonのロゴも実は、ヘビが二匹絡み合った意匠が使われています。

理解 オブジェクト指向の考え方を理解する

オブジェクト指向とは？

<u>オブジェクト指向</u>とは、プログラムの中で扱う対象をモノ（オブジェクト）になぞらえ、オブジェクトの組み合わせによってアプリを組み立てていく手法のことです。たとえば、検索キーワードを入力すると、ネットワークから該当するデータを取得するようなアプリを想定してみましょう。

アプリの構成要素 それぞれがすべて**オブジェクト**

この時、一般的なアプリであれば、画面を表すウィンドウがあり、文字列を入力するためのテキストボックスがあり、［送信］のようなボタンがあります。これらはすべてオブジェクトです。のみならず、アプリで扱う文字列そのものもオブジェクトですし、ネットワークにアクセスするための機能を提供するのもオブジェクト、アプリで受け渡しされるデータもオブジェクトです。これが、オブジェクトの組み合わせでアプリを組み立てる、という意味です。

オブジェクトは「データ」と「機能」の集合体

オブジェクト指向の世界では、プログラム（アプリ）はオブジェクトの集合体であることを理解したところで、そもそもオブジェクトがなにかを理解しておきます。

ざっくりと言ってしまうならば、オブジェクトとは「データ」と「機能」の集合体です。

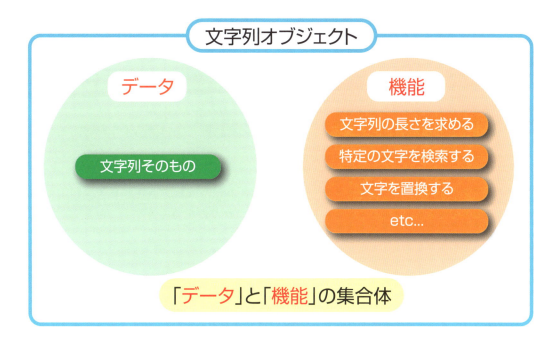

たとえば「文字列」というオブジェクトであれば、「データ」として扱っている文字列そのものを持ちます。また、「機能」として「文字列の長さを求める」「文字列から特定の文字列を検索する」「文字列を置き換える」など、オブジェクトが保持するデータを操作するためのしくみを提供しています。

まとめ

- ▶Pythonは、複数のプログラミングスタイルを併せ持つ「マルチパラダイム言語」である
- ▶オブジェクト指向は現在主流のプログラミングスタイルで、Pythonでもオブジェクト指向構文に対応している
- ▶オブジェクト指向では、アプリはオブジェクトを組み合わせて作成する
- ▶オブジェクトは「データ」と「機能」から構成される

第1章 練習問題

●問題1

以下は、Pythonについて説明した文章です。空欄を埋めて、文章を完成させてください。

Pythonはプログラミング言語の中でも、シンプル、カンタンを旨にしていることから ① 言語と呼ばれることもあります。また、実行に際してコンパイルせず、そのまま実行できることから ② 言語に分類されます。

プログラミングスタイルという側面から分類した場合、Pythonは複数のスタイル（概念）を柔軟に組み合わせられることから ③ 言語という呼ばれ方もされます。利用できるスタイルの中でも、オブジェクトを中心としてプログラムを組み立てることを ④ 指向と呼びます。 ④ は ⑤ と ⑥ から構成されます。

●問題2

以下の文章は、Pythonについて述べたものです。正しいものには○、間違っているものには×を記入してください。

- （　　）　Pythonはマシン語の一種である
- （　　）　Pythonのように簡単に書けることに主眼を置いたプログラミング言語のことを、スクリプト言語と呼ぶ
- （　　）　Pythonは、オブジェクト指向に特化したプログラミング言語である
- （　　）　オブジェクト指向とは、プログラムで扱う対象をモノ（オブジェクト）に見立てて、オブジェクトの組み合わせによってアプリを組み立てていく手法のことである
- （　　）　オブジェクトとは機能を持たないデータの集合体である

第2章

プログラミングの準備

2-1 Python をインストールする

2-2 Visual Studio Code をインストールする

2-3 学習のための準備を進める

●第2章　練習問題

第2章 プログラミングの準備

1 Pythonをインストールする

完成ファイル｜なし

 予習 | **Pythonの実行環境**

Pythonを学習するにあたって、まずはPythonを実行するための環境（**実行エンジン**と言います）をインストールしておく必要があります。Pythonには、本家サイトで提供されているほかにもさまざまなパッケージが用意されていますが、本書ではまずは、本家の標準パッケージをインストールします。

標準パッケージには、実行エンジンの他、ドキュメント、簡易な開発環境、ライブラリを管理するための環境などが含まれています。

なお、本書ではWindows 11環境で解説します。異なるバージョンを利用していると、一部表記などが異なる可能性があります。自分の環境によって、適宜読み替えるようにしてください。また、macOS Sequoia環境については、P.32以降で解説していますので参考にしてください。

Windows環境にインストールする

1 ダウンロードページにアクセスする

WebブラウザーでPythonの公式サイト（https://www.python.org/）にアクセスします。本書ではWindows版を使うため、[Downloads]タブにカーソルを乗せると表示されるOSの一覧から[Windows]をクリックします❶。

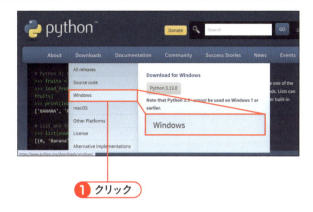

2 インストーラーをダウンロードする

ダウンロードページが表示されるので、[Stable Releases]カテゴリから[Download Windows installer (64-bit)]リンクをクリックして❶、「python-3.13.0-amd64.exe」をダウンロードします。

Tips
Pythonは随時バージョンアップされているので、皆さんが学習する際にはバージョンも変わっているかもしれません。その場合も、最低限、Stable Releasesから3.x系のパッケージを選択してください。

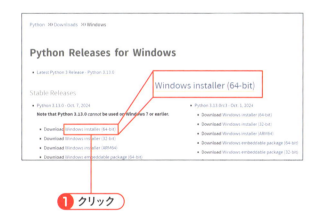

3 インストーラーを起動する

ダウンロードしたpython-3.13.0-amd64.exeをダブルクリックすると❶、インストーラーが起動します。

2-1 Pythonをインストールする

4 インストーラーを実行する

[Install Python 3.13.0 (64-bit)]画面が表示されたら、[Use admin privileges when installing py.exe][Add python.exe to PATH]両方にチェックを付けて❶、[Install Now]リンクをクリックします❷。

> **Tips**
> [Customize installation]は、インストールする機能、インストール先を変更したい場合などに利用します。本書では標準的なインストールで十分なので、簡単な[Install Now]を選択しておきます。

5 インストールを終了する

インストールを開始すると、ユーザーアカウント制御画面が表示されるので、[はい]をクリックします。
[Setup was successful]画面が表示されたら、インストールは終了です。[Close]ボタンをクリックして❶、インストーラーを終了してください。

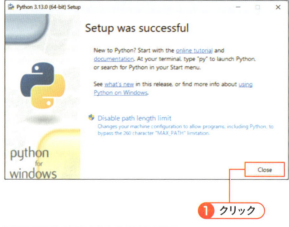

6 ターミナルを起動する

Pythonが正しくインストールされたことを確認してみましょう。スタートボタンを右クリックし❶、表示されたコンテキストメニューから[ターミナル]をクリックします❷。

> **Tips**
> コンテキストメニューには、[ターミナル]と[ターミナル(管理者)]という項目がありますが、本書では[ターミナル]を選択します。管理者付きの項目は、管理者固有の機能を利用する場合にだけ必要になります(本書では利用しません)。

7 バージョンを確認する

ターミナルが起動するので、「python」と入力して、Enterキーを押します❶。Pythonインタラクティブシェルが起動し、Pythonのバージョンが表示されれば、Pythonは正しくインストールされています。

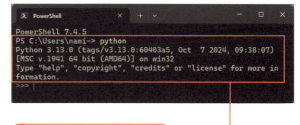

❶ 入力して Enter キーを押す

```
PS C:\Users\nami-> python
Python 3.13.0 (tags/v3.13.0:60403a5, Oct  7 2024, 09:38:07) [MSC
v.1941 64 bit (AMD64)] on win32
Type "help", "copyright", "credits" or "license" for more information.
```

8 Pythonインタラクティブシェルを終了する

「>>> 」の後ろで Ctrl + Z キーを押して、Enterキーを押します❶。Pythonインタラクティブシェルが終了し、プロンプトも「PS C:\Users\nami->」のように変化します。

❶ Ctrl + Z キーを押して Enter キーを押す

```
>>> ^Z
PS C:\Users\nami->
```

Tips

Pythonインタラクティブシェルについての詳細は、第3章で解説します。

💬 COLUMN ターミナルの注意点

ターミナルは **CLI（Command Line Interface）シェル** と呼ばれる種類のソフトウェアです。コマンドと呼ばれる命令を入力することで、コンピューターを操作できます。コマンドは Enter キーで確定し、実行されます。**コンソール** と呼ばれることもあります。

コマンドはすべて半角文字で入力しなければならない点に注意してください。

また、「PS C:\Users\nami-> 」の「nami-」の部分は、ユーザー名によって変化します。適宜、お使いのユーザー名で読み替えてください。

なお、ターミナルは、Windows 11 2022 Updateから標準になりました。それ以前のバージョンでは、PowerShellが標準です。コンテキストメニューにターミナルは表示されないので、代わりにPowerShellを選択してください。

2-1 Pythonをインストールする

体験 macOS環境にインストールする

1 ダウンロードページにアクセスする

WebブラウザーでPythonの公式サイト（https://www.python.org/downloads/）にアクセスします。[Download Python 3.13.0]リンクをクリックして❶、ファイルをダウンロードします。

Tips
Pythonは随時バージョンアップされているので、皆さんが学習する際にはバージョンも変わっているかもしれません。その場合も、最低限、3.x系のパッケージを選択してください。

❶ クリック

2 インストーラーを起動

Finderで[ダウンロード]フォルダーを表示し、ダウンロードしたpython-3.13.0-macos11.pkgをダブルクリックすると❶、インストーラーが起動します。

❶ ダブルクリック

3 インストーラーを実行する

[Pythonのインストール]画面が表示されたら、[続ける]をクリックします❶。続けて、画面の内容を確認しながら、[続ける]ボタンをクリックしていきます。

❶ クリック

4 使用許諾契約に同意する

ソフトウェア使用許諾契約の条件に関する画面が表示されたら、[同意する]をクリックします❶。

5 インストールする

インストールの種類を選択する画面が表示されたら、本書ではデフォルトのまま[インストール]をクリックします❶。ユーザー名とパスワードを入力する画面が表示されたら、パスワードを入力して、[ソフトウェアをインストール]をクリックします。

6 インストールを終了する

「インストールが完了しました。」と表示されたら、[閉じる]をクリックします❶。

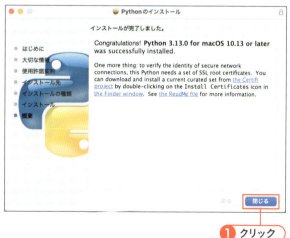

2-1 Pythonをインストールする 033

7 ターミナルを起動する

Pythonが正しくインストールされたことを確認してみましょう。[アプリケーション]フォルダーの中の[ユーティリティ]フォルダーを表示し、[ターミナル]をダブルクリックします❶。

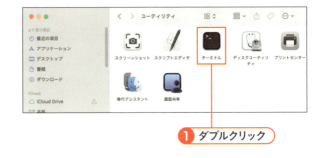

❶ ダブルクリック

8 バージョンを確認する

ターミナルが起動するので、「python3」と入力して、Enterキーを押します❶。Pythonのバージョンが表示されれば、Pythonは正しくインストールされています。

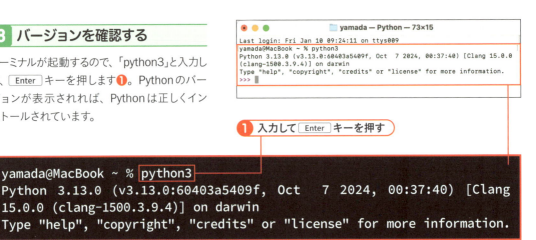

❶ 入力してEnterキーを押す

```
yamada@MacBook ~ % python3
Python 3.13.0 (v3.13.0:60403a5409f, Oct  7 2024, 00:37:40) [Clang
15.0.0 (clang-1500.3.9.4)] on darwin
Type "help", "copyright", "credits" or "license" for more information.
```

9 Pythonインタラクティブシェルを終了する

「>>> 」の後ろでCtrl（またはControl）+ zキーを押します❶。Pythonシェルが終了し、プロンプトも変化します。

❶ Ctrl（Control）+ zキーを押す

```
>>>
    zsh: suspended   python3
yamada@MacBook ~ %
```

理解 Pythonのパッケージを理解する

Pythonディストリビューション

Pythonには、本家サイトで提供される標準的なパッケージの他、特定の用途向けに機能を追加したパッケージが用意されています。

Anaconda
- 科学技術、数学、データ分析用のモジュール、パッケージマネージャcondaを一括インストール
- 商用利用も可能

Miniconda
- Anacondaから必要最小限のライブラリやツールを抜粋
- 必要なパッケージを個別にcondaコマンドで追加できる

ActivePython
- Windows、macOS、Linuxなど、マルチプラットフォームでインストール可能
- 各種ドキュメントも同梱

WinPython
- Windows専用
- 科学技術計算に必要なモジュールを同梱
- USBに入れて持ち運べる

このようなパッケージをPythonディストリビューションと呼びます。有名なものには、上のようなものがあります。本書を読み終えた後、実際に開発を進めるにあたっては、これらのディストリビューションの導入を検討してみるのも良いかもしれません。

> ▶ Pythonのプログラムを実行するには、Pythonの実行環境をインストールする必要がある
> ▶ Pythonには、本家パッケージの他にも、特定用途に向けたパッケージがある。これをPythonディストリビューションと呼ぶ

2-1 Pythonをインストールする 035

第2章 プログラミングの準備

Visual Studio Codeを インストールする

完成ファイル│なし

予習 Pythonプログラミングのための環境

Pythonでプログラムを書くために必要となるのは、あとは**テキストエディター**（コードの作成により特化したものを**コードエディター**と言う場合もあります）です。テキストエディターとは、言うなればテキストを編集するためのツール。Windowsでは標準ツールとして「メモ帳」が、macOSでは「テキストエディット」がありますが、最低限の機能しか搭載されておらず、プログラミングには機能不足です。

そこで本書では、最近プログラマーの間でも人気の高い**Visual Studio Code**を採用します。Windows、Linux、macOSとマルチな環境に対応しており、プラグインを加えることでさまざまなプログラミング言語のためのエディターとして利用できます。

なお、本書ではWindows 11環境のバージョン1.94.2で解説します。異なるバージョンを利用していると、操作が異なる可能性があります。適宜読み替えるようにしてください。また、macOS Sequoia環境については、P.41以降で解説していますので参考にしてください。

体験 Windows環境にインストールする

1 インストーラーをダウンロードする

Chrome、Microsoft EdgeなどのWebブラウザーでVisual Studio Codeのダウンロードページ（https://code.visualstudio.com/download）にアクセスします。画面左側の[Windows]ボタンをクリックして❶、[VSCodeUserSetup-x64-1.94.2.exe]をダウンロードします。

Tips
Visual Studio Codeは随時バージョンアップされているので、皆さんが学習する際にはバージョンも変わっているかもしれません。バージョン番号は適宜読み替えてください。

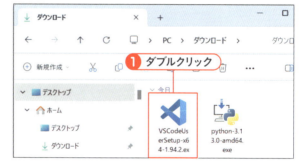

❶ クリック

2 インストーラーを起動する

ダウンロードしたVSCodeUserSetup-x64-1.94.2.exeをダブルクリックすると❶、インストーラーが起動します。ユーザーアカウント制御画面が表示されたら、[はい]をクリックします。

3 使用許諾契約書に同意する

[使用許諾契約書の同意]画面が表示されます。使用許諾契約書の内容を確認して、[同意する]を選択し❶、[次へ]ボタンをクリックします❷。

❶ 選択する　❷ クリック

2-2 Visual Studio Codeをインストールする　037

4 インストールフォルダーを指定する

[インストール先の指定]画面が表示されるので、インストール先を指定します。本書ではデフォルトの「C:¥Users¥＜ユーザー名＞¥AppData¥Local¥Programs¥Microsoft VS Code」のままとして、[次へ]ボタンをクリックします❶。

> **Tips**
> 以降、インストールの設定は、すべてデフォルトのまま進めていきますので、[次へ]ボタンをクリックして次の画面に進めてください。

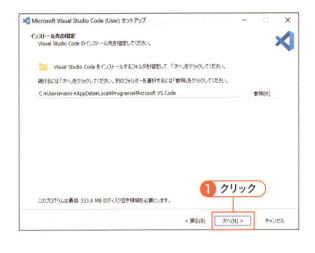

5 インストールを開始する

[インストール準備完了]画面が表示されたら、[インストール]ボタンをクリックして❶、インストールを開始します。進行状況が表示され、数分程度でインストールが終わります。

6 インストールを終了する

[Visual Studio Code セットアップウィザードの完了]画面が表示されます。[Visual Studio Codeを実行する]にチェックを付け❶て、[完了]ボタンをクリックします❷。これでインストールは終了です。

7 Visual Studio Codeの起動を確認する

Visual Studio Codeの起動を確認します。図のように表示されれば、インストールは成功です。

8 日本語化の準備をする

インストール直後の状態では、メニュー名などが英語で表記されています。使いやすくするために日本語化しておきましょう。
左のアクティビティバーから（「Extensions」ボタン）をクリックして❶、拡張機能の一覧を表示します。上の検索ボックスに「japan」と入力して❷、日本語関連の拡張機能が一覧表示されたら、［Japanese Language Pack for Visual Studio Code］欄の［Install］ボタンをクリックします❸。

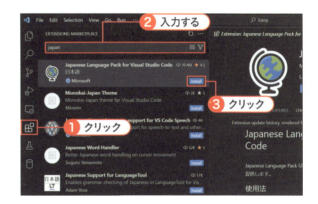

9 Visual Studio Codeを再起動する

画面右下にダイアログが表示されるので、［Change Language and Restart］ボタンをクリックします❶。

2-2 Visual Studio Codeをインストールする　039

10 日本語化を確認する

Visual Studio Codeが再起動します。メニュー名などが日本語表記に替わっていれば、日本語化は成功です。

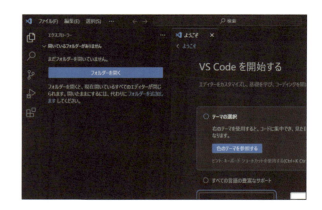

11 拡張機能をインストールする

8と同じ要領で、「Pylance」と入力し❶、［インストール］ボタンをクリックして❷、拡張機能「Pylance」をインストールします。

12 拡張機能のインストールを確認する

拡張機能「Pylance」をインストールすることで、拡張機能「Python」も合わせてインストールされます。それぞれ、「インストール済み」と表示が変わっていることを確認してください。

体験 macOS環境にインストールする

1 ファイルをダウンロードする

WebブラウザーでVisual Studio Codeのダウンロードページ（https://code.visualstudio.com/download）にアクセスします。画面右側の[Mac]のダウンロードリンクをクリックして❶、ファイルをダウンロードします。

❶クリック

2 ファイルを移動する

ダウンロードしたファイルを[アプリケーション]フォルダーに移動します❶。

Tips
「VSCode-darwin-universal.zip」のように圧縮ファイルでダウンロードされた場合は、解凍後のファイルを移動してください。

❶移動

3 ファイルをダブルクリックする

移動した[Visual Studio Code]をダブルクリックします❶。

❶ダブルクリック

2-2 Visual Studio Codeをインストールする　041

4 起動を確認する

図のように、Visual Studio Codeが起動されることを確認します。

5 日本語化の準備をする

インストール直後の状態では、メニュー名などが英語で表記されています。使いやすくするために日本語化しておきましょう。

左のアクティビティバーから「Extensions」ボタン）をクリックして❶、拡張機能の一覧を表示します。上の検索ボックスに「japan」と入力して❷、日本語関連の拡張機能が一覧表示されたら、[Japanese Language Pack for Visual Studio Code]欄の[Install]ボタンをクリックします❸。

6 Visual Studio Codeを再起動する

画面右下にダイアログが表示されるので、[Change Language and Restart]ボタンをクリックします❶。

7 日本語化を確認する

Visual Studio Codeが再起動します。メニュー名などが日本語表記に替わっていれば、日本語化は成功です。

8 拡張機能をインストールする

5と同じ要領で、「Pylance」と入力し❶、[インストール]ボタンをクリックして❷、拡張機能「Pylance」をインストールします。

9 拡張機能のインストールを確認する

拡張機能「Pylance」をインストールすることで、拡張機能「Python」も合わせてインストールされます。それぞれ、「インストール済み」と表示が変わっていることを確認してください。

2-2 Visual Studio Codeをインストールする

理解 | Pythonの開発環境を理解する

さまざまに用意されているPythonの開発環境

本書では、Pythonの開発環境としてVisual Studio Code（以降、VSCode）を紹介していますが、もちろん、VSCodeが唯一の開発環境というわけではありません。以下に、主なものをいくつかまとめておきます。

① IDLE

Pythonの標準パッケージに搭載されている開発環境です。コードエディターから簡易なデバッグ環境までを備えており、インストール直後にPythonにまずは手軽に触れておきたいという初心者にお勧めです。

② Sublime Text／Pulsar

いずれもVSCodeと同じく汎用のコードエディターです。Pythonに特化していないので、さまざまな用途で活用できます。お気に入りのものを1つ見つけておくと、後々まで長く役立ちます。

③ Eclipse＋PyDev

Java言語の開発環境としても有名なEclipseと、そのプラグインPyDevです。コードエディターではなく、プロジェクト管理からデバッガー、その他ツールを完備した統合開発環境（IDE：Integrated Development Environment）と呼ばれるソフトウェアです。より高度な開発に挑戦する場合には、このようなIDEの導入も検討してみると良いかもしれません。

④ PyCharm

JetBrainsが開発したPython向けのIDEです。コード解析、デバッガー、テストツール、バージョン管理システムを提供し、DjangoやFlask、PyramidといったPython用のWeb開発フレームワークにも対応しています。

⑤ Google Colaboratory

環境構築が不要で、WebブラウザーからPythonのプログラムを記述／実行できるサービスです。NumPyなどのライブラリもインストールされており、機械学習などの処理が高速で行えるGPUも使えます。

まとめ

- ▶Pythonのプログラムを作成するには、コードエディターを利用する
- ▶Visual Studio Code（VSCode）はWindows／macOS／Linuxなどの環境で動作するコードエディターである
- ▶VSCodeに拡張機能を組み込むことで、Pythonの開発環境を整えられる

第2章 プログラミングの準備

3 学習のための準備を進める

完成ファイル │ なし

予習 学習のための環境を整える

いよいよ次の章からは、準備した開発／実行環境を利用して、Pythonによるプログラミングを進めていきます。学習を開始するにあたって、本節ではまず、本書で利用するサンプルプログラムを手元にダウンロードし、中身を確認しておきましょう。

以降の章では、ここで作成したフォルダーに対して、作成したファイルを保存していきます。また、自分で作成したプログラムが動作しない場合にも、完成ファイルを用意しているので、そちらと比較することで、学習をスムーズに進められるはずです。

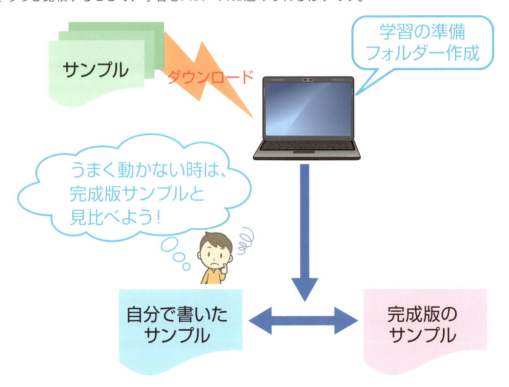

体験 サンプルファイルを手元で準備する

1 サンプルファイルをダウンロードする

Webブラウザーで、本書のサポートページ（https://gihyo.jp/book/2025/978-4-297-14766-2/support/）にアクセスし、本書のサンプルファイルを、サポートページからダウンロードします。ダウンロードしたsamples.zipは、適当なフォルダーに解凍してください。

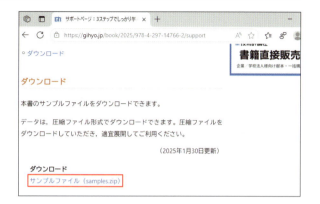

```
https://gihyo.jp/book/2025/978-4-297-14766-2/support/
```

2 作業用フォルダーをコピーする

ダウンロードファイルを解凍してできたsamplesフォルダー配下の3stepフォルダーをドラッグ＆ドロップして❶、Cドライブ（C:¥）へコピーします。

Tips
macOSの場合は、ユーザーフォルダーに移動します。

3 VSCodeを起動する

スタートメニューから［すべて］－［Visual Studio Code］をクリックします❶。前項と同じく、VSCodeが起動します。

Tips
macOSの場合は、［アプリケーション］フォルダーの「Visual Studio Code」のアイコンをダブルクリックします。

2-3 学習のための準備を進める 047

4 作業用フォルダーを開く

メニューバーから［ファイル］－［フォルダーを開く...］を選択します❶。

5 フォルダーを選択する

「C:¥3step」フォルダーを選択し❶、［フォルダーの選択］ボタンをクリックします❷。

> **Tips**
> macOSの場合は、ユーザーフォルダーの3stepフォルダーを選択し、［開く］ボタンをクリックします。

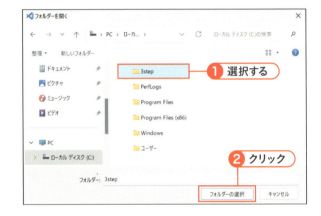

6 開いたフォルダーを確認する

右図のように、3stepフォルダーの内容が［エクスプローラー］ペインに表示されていることを確認します❶。VSCode右上の ✕ をクリックして、終了します。

> **Tips**
> フォルダーを開いた状態でVSCodeを終了すると、次回の起動時にはそのフォルダーが開いた状態で起動します。

> **Tips**
> よく利用するツールは、タスクバーから起動できるようにしておくと便利です。Windows環境であれば、タスクバーに表示されたアイコン（ここではVSCode）を右クリックし、表示されたコンテキストメニューから［タスクバーにピン留めする］を選択してください。これでタスクバーから直接にVSCodeを起動できるようになります。

理解　ダウンロードサンプルの構造を理解する

サンプルのフォルダー構成

ダウンロードしたサンプルを解凍すると、samplesフォルダーの配下には、3stepフォルダーとcompleteフォルダーができます。

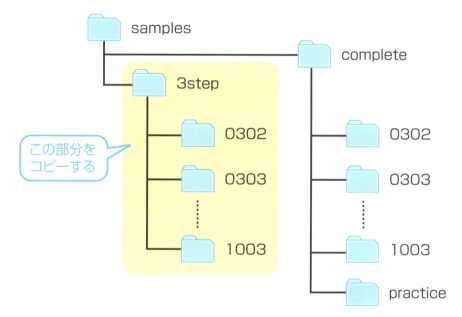

学習で利用するのは3stepフォルダーです。節ごとにフォルダーができているので、それぞれの体験で作成したファイルは、決められたフォルダーに保存していきましょう（たとえば3章の2節であれば0302フォルダーに保存します）。

completeフォルダーは、完成したサンプルを格納したフォルダーです。自分で作成したプログラムがうまく動作しない、という場合には、完成ファイルと中身を比較してみると、間違いを見つけやすくなるかもしれません。フォルダー構造は、3stepフォルダーと同じです。

▶ 本書で作成するコードは、3stepフォルダーに保存する
▶ 完成ファイルはcompleteフォルダーに用意されているので、うまく動作しない場合には確認を！

第2章 練習問題

●問題1

以下は、Pythonの実行／開発環境について述べたものです。正しいものには○、間違っているものには×を記入してください。

( ) Pythonを利用するには、本家サイトで提供されている標準パッケージのインストールが必須である

( ) Pythonを使ってプログラムを作成するには、専用の開発環境が欠かせない

( ) Visual Studio Codeは、Windows環境でのみ利用できるコードエディターである

( ) Pythonの標準パッケージには、IDLEと呼ばれる簡易な開発環境が付属している

●問題2

ターミナルから現在利用しているPythonのバージョンを確認してみましょう。

はじめてのPython

- **3-1** Pythonと対話する
- **3-2** スクリプトファイルを実行する
- **3-3** 文字列を扱う
- **3-4** コードを読みやすく整形する
- ◉第３章　練習問題

第3章 はじめてのPython

1 Pythonと対話する

完成ファイル | なし

予習 Pythonのコードをコマンドラインから実行する

Pythonで簡単なコードを実行するのに便利なのが、**Pythonインタラクティブシェル**（以降、「Pythonシェル」と表記）という機能です。Pythonシェルは、ターミナルのようなコンソール上で動作するコマンドラインツール。入力したコマンドをその場で実行し、結果を返してくれる様子が、人間とPythonとが会話しているように見えることから**対話型**のツールとも呼ばれます。

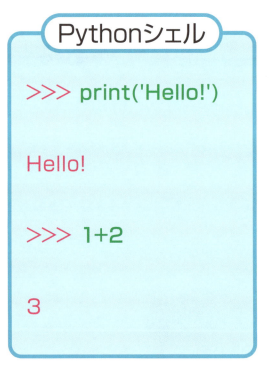

体験 Pythonシェルでコマンドを入力する

1 ターミナルを起動する

スタートボタンを右クリックし❶、表示されたコンテキストメニューから[ターミナル]をクリックします❷。

> **Tips**
> macOSの場合は、[アプリケーション]フォルダーの中の[ユーティリティ]フォルダーの中にある「ターミナル」をダブルクリックします。

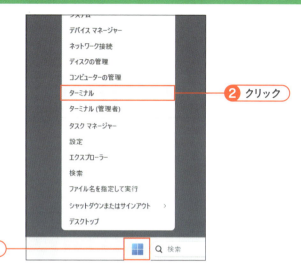

❷ クリック

❶ 右クリック

2 Pythonシェルを起動する

ターミナルのウィンドウが起動したら、「python」(macOSの場合は「python3」)と入力して、Enterキーを押します❶。バージョン情報が表示された後、「>>> 」というプロンプト(待ち受け)が表示されたら、Pythonシェルは正しく起動しています。

> **Tips**
> macOSの場合は、「python3」と入力してください。これ以降はすべて同様です。

❶ 入力して Enter キーを押す

```
PS C:\Users\nami-> python
Python 3.13.0 (tags/v3.13.0:60403a5, Oct  7 2024, 09:38:07) [MSC v.1941 64 bit (AMD64)] on win32
Type "help", "copyright", "credits" or "license" for more information.
>>>
```

3-1 Pythonと対話する　053

3 簡単な計算を実行する

Pythonシェルでは、「>>> 」のあとにPythonへの命令を入力します。ここでは「1+2」と入力して、Enterキーを押します❶。実行結果として、「3」という結果が表示されます。

Tips
コマンドはすべて半角文字で表します（全角文字は日本語の文字を表す時にしか利用しません）。誤って全角文字で入力しないよう、注意してください。

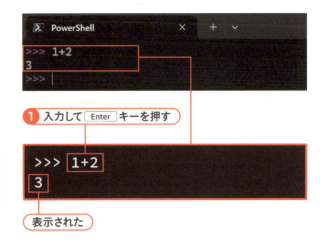

4 計算結果を表示する

3と同様の操作で、「>>> 」の後ろに「1+2*5」と入力して、Enterキーを押します❶。
実行結果として、「11」という結果が表示されます。

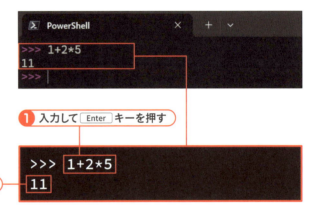

5 Pythonシェルを終了する

「>>> 」の後ろでCtrl+Zキーを押して、Enterキーを押します❶（macOSの場合は、Enterキーを押す必要はありません）。
Pythonシェルが終了し、「PS C:\Users\nami->」のようにプロンプトが変化します。

Tips
Pythonシェルを終了するには、「exit()」と入力しても構いません。

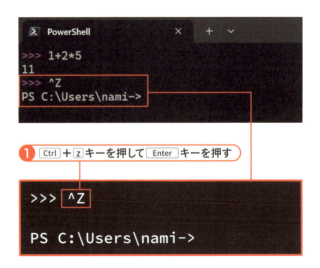

理解 コマンドラインでの実行手順を理解する

Pythonの実行方法

Pythonのコードを実行する方法は、大きく分けて、①Pythonシェルで実行する、②.pyファイルとしてまとめたものを実行する、のいずれかです。

① Pythonシェルで実行　　② .pyファイルを実行

体験でも見たように、Pythonシェルは命令の1つひとつに対して即座に結果を返すので、簡単なコードをその場で確認したい、という場合に便利です。ただし、毎回入力しなければならないので、複数行に及ぶ長いコード、または何度も利用するような命令を実行するには不向きです。
その場合は、命令をファイルにまとめ、実行する②の方法がお勧めです。この方法は、次の節で解説します。
一般的なアプリは②の方法で実行されますが、学習の過程では①の方法もよく利用するので覚えておくと便利です。

COLUMN　REPL

Pythonシェルのようなツール（環境）を、REPL（Read Eval Print Loop）と呼ぶこともあります。「コマンドを読んで（Read）、評価して（Eval）、結果を表示する（Print）のを繰り返す（Loop）」ためのツール、というわけですね。

Pythonで四則演算を実行する

Pythonでは、数値を計算（演算）するための機能を持っています。この時に利用する記号のことを演算子と呼びます。以下は、よく見かける演算子の一覧です。

演算子	概要
+	足し算
-	引き算
*	掛け算
/	割り算
%	割り算の余りを求める

「+」や「-」は算数でもおなじみですが、掛け算は「*」（アスタリスク）、割り算は「/」（スラッシュ）と算数とすべてが同じなわけではない点に注意が必要です。

また、演算子には算数に関わるものだけではなく、文字列を連結する、論理演算（6-5）を行うなど、さまざまなものが用意されています。これらについては、必要になったところでおいおい見ていくことにしましょう。

演算子の優先順位

カンタンな算数の問題です。以下の式は、いくつになるでしょうか。

```
5＋3×4
```

32、と答えてしまった人はいませんよね。17が正解です。算数の世界では、足し算よりも掛け算を先に計算するのでした。よって、「5＋3×4」は「5＋12」で、17となるのです。

これと同じように、Pythonの演算子にも優先順位があります。体験❹に注目です。確かに「1+2*5」は、先に掛け算が実行されて「1+10」となり、結果として「11」が得られています。

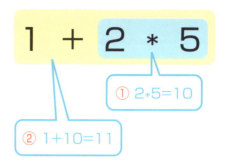

四則演算に関わる演算子であれば、理屈は算数と同じなので、迷うことはありませんね。もしも優先順位に自信がない場合は、丸カッコを利用しても構いません。

```
1+2*5  ⇔  1+(2*5)
```

丸カッコで囲まれた部分は、優先して演算されるので、上の式はいずれも同じ意味です。

まとめ

▶簡単なコードをその場で実行するには、Pythonシェルを使う
▶値を計算、加工するための記号を「演算子」と呼ぶ
▶演算子は優先順位に従って、順番に処理される

3-1 **Pythonと対話する**　057

第3章 はじめてのPython

2 スクリプトファイルを実行する

完成ファイル [0302] → [basic.py]

予習 Pythonのコードをファイル化する

Pythonシェルが1つの命令を即座に実行するのに向いているのに対して、複数行のまとまった命令を実行するならば、ファイルからの実行が適しています。命令をファイルとして保存しておくことで、同じ命令も手軽に実行できるようになります。

Pythonシェルが、Pythonに対して口頭で都度指示するようなものだとするならば、スクリプトファイルはあらかじめ指示書(マニュアル)を用意するようなものだと考えても良いかもしれません。

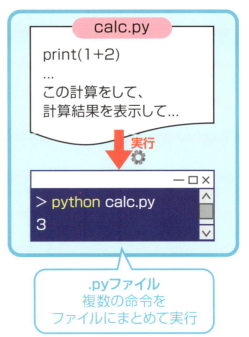

体験 | Pythonファイルを作成／実行する

1 学習用のフォルダーを開く

P.48の手順に従って、VSCodeから「C:¥3step」フォルダーを開きます❶。

> **Tips**
> 2-3で、3stepフォルダーを開いたままの状態でVSCodeを閉じたならば、起動した時点で既に3stepフォルダーも開いているはずです。

> **Tips**
> 初期で表示されている［ようこそ］画面を閉じるには、タブ右横の✕（閉じる）をクリックします。

2 新たにファイルを作成する

［エクスプローラー］ペインから0302フォルダーを選択して❶、（新しいファイル）ボタンをクリックします❷。ファイル名の入力を求められるので、「basic.py」と入力して、Enterキーを押します❸。

> **Tips**
> 「.py」は、ファイルを識別するための拡張子です。Excelファイルであれば「.xlsx」、音声ファイルであれば「.mp3」などを見たことがあるでしょう。Pythonでは、一般的に「.py」とします。

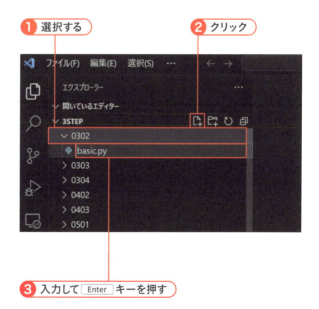

3-2 スクリプトファイルを実行する　059

3 コードを入力する

basic.pyが作成され、空のエディターが起動します。ここに、右のようにコードを入力します❶。

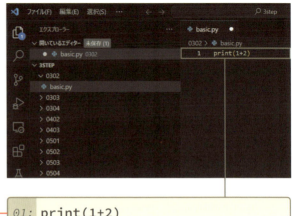

❶ 入力する
`01: print(1+2)`

4 ファイル形式と文字コードを確認する

エディターの右下に、図のような表示があることを確認してください❶。これは、このファイルが「UTF-8」という文字コードで書かれていることを表しています。

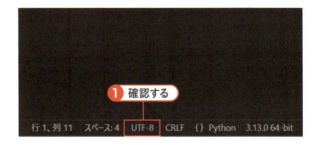

❶ 確認する

5 ファイルを保存する

[エクスプローラー]ペインから🖫(すべて保存)ボタンをクリックすると❶、現在編集しているすべてのファイルが保存されます。

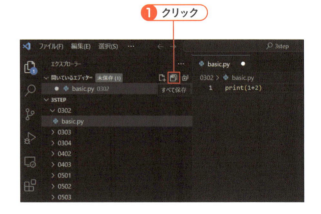

❶ クリック

> **Tips**
> 未保存のファイルには、エディターのタブに、●のようなマークが付きます。ファイルを実行する前に、●が消えているか(=ファイルが保存されているか)を確認しましょう。

> **Tips**
> 🖫(すべて保存)ボタンが表示されない場合は、エクスプローラー横の⋯(ビューとその他のアクション)をクリックして[開いているエディター]にチェックを付けてください。

6 ターミナルを表示する

メニューバーから［表示］-［ターミナル］を選択します❶。

❶ 選択する

7 コードを実行する

エディターの下に［ターミナル］が開くので、右のようにコマンドを入力します❶。「3」のように、結果が表示されます。

> **Tips**
> ターミナルでは、利用している環境に応じて異なるコンソールを開きます。Windows環境であればPowerShellですし、macOS環境であればターミナルです。また、Macの場合は、「python3 0302/basic.py」と入力します。

> **Tips**
> ターミナルを閉じるには、✖（パネルを閉じる）をクリックしてください。内容を消去して閉じたい場合は、🗑（ターミナルの強制終了）をクリックしてください。

> **Tips**
> ファイルを閉じるには、エディターのタブに表示されている✖をクリックします。

ターミナルの強制終了 / パネルを閉じる / ファイルを閉じる

❶ 入力する

表示された

3-2 スクリプトファイルを実行する 061

理解 Pythonファイルの実行方法を理解する

Pythonファイルを実行する

Pythonファイルを実行するには、pythonコマンド（macOSの場合はpython3コマンド）を利用します。

▼構文

```
python ファイル名
```

体験7であれば「0302/basic.py」としているので、0302フォルダーの下のbasic.pyを実行しなさい、という意味になります。ファイル名を省略した場合には、pythonコマンドはPythonシェルを起動するのでした（**3-1**）。

COLUMN カレントフォルダー

コマンドで指定されるパスは、カレントフォルダー（＝現在のフォルダー）を基点とします。カレントフォルダーは、プロンプトの表示で確認できます。

体験の例であれば「C:¥3step」がカレントフォルダーなので、ここを基点として0302フォルダー配下のbasic.pyというファイルを開きなさい、という意味になります。なお、macOSの場合は、ユーザーフォルダーが基点となるので、「/Users/ユーザ名/3step/0302/basic.py」になります。

Pythonファイルを実行する（VSCode固有の方法）

VSCodeに限定すれば、もっと手軽にPythonファイルを実行できます。［エクスプローラー］ペインから実行したいファイル（ここではbasic.py）を右クリックし❶、表示されたコンテキストメニューから［ターミナルでPythonファイルを実行する］を選択します❷。
ターミナルが開き、体験と同じく、Pythonファイルを実行した結果が表示されることを確認してみましょう。ターミナルに表示される「& C:/Users/nami-/AppData/Local/Programs/Python/Python313/python.exe c:/3step/0302/basic.py」は、VSCodeが自動で生成したコマンドです。

> **COLUMN　バックスラッシュの表示について**
>
> 「\」は環境によって表示が異なります。Windows環境では、「¥（円マーク）」として表示されることが多いですが、VSCodeでは「\（バックスラッシュ）」として表示されます。一方、macOSでは「\（バックスラッシュ）」としての表示が基本です。

文字コードはUTF-8

コンピューターの世界では、文字の情報をコード（番号）として表現します。たとえば「木」であれば「E69CA8」、「花」であれば「E88AB1」のように、文字とコードとの対応関係が、あらかじめ決められています。

このようにそれぞれの文字に割り当てられたコードのことを==文字コード==、実際の文字と文字コードとの対応関係のことを==文字エンコーディング==と言います。本当は、2つは異なる概念なのですが、あまり区別せずに使われることも多いため、本書でも双方の意味で「文字コード」という言葉を用います。

文字コード ＝ コンピューターで文字を表すためのルール（番号）

文字コードには、Windowsで利用されているShift-JISや国際化対応に優れたUTF-8、電子メールで使われているJIS（ISO-2022-JP）など、さまざまな種類があります。Python標準の文字コードはUTF-8です。

他の文字コードも利用できますが、明示的に文字コードを宣言する必要もあることから誤りの元にもなりますし、そもそも他の文字コードを利用するメリットがありません。特別な理由がない限り、まずはUTF-8を利用してください。Pythonが想定している文字コードと、実際に使われている文字コードが一致しない場合、コードが実行できなかったり、文字が正しく表示されない（いわゆる==文字化け==）という現象が発生します。

値を画面に出力するprint

basic.pyで登場したprintは、Pythonで用意された中でも特によく使う命令です。カッコの中に値を渡すことで、その結果を表示します。

▼構文　print

```
print(式)
```

たとえば体験3では「print(1+2)」としているので、計算した結果である「3」を表示します。ちなみに、Pythonシェルでもprintは利用できます。ただし、Pythonシェルでは与えられた式の結果をそのまま表示してくれるので、省略していたのです。

```
>>> print(1+2)
3
```

なお、Pythonでは大文字と小文字を区別するため、たとえばPrintとした場合はエラーになります。

COLUMN　関数

ある定型的な処理をまとめたものを関数と言います。printもまた、「値を表示する」という機能を持った関数の一種です。

関数は、更に、Pythonが最初から用意するものと、皆さんが自分で作成するものとに分類できます。前者を組み込み関数と言い、後者をユーザー定義関数と言います。

ユーザー定義関数については9-1で改めて解説するので、当面の間、出てくるのは、組み込み関数です。

まとめ

- ▶ **Pythonのコードを実行するには、pythonコマンドを利用する**
- ▶ **Python標準の文字コードはUTF-8である**
- ▶ **値を表示するには、print関数を利用する**

3-2　スクリプトファイルを実行する　065

第3章 はじめてのPython

3 文字列を扱う

完成ファイル [0303] → [string.py]

予習 Pythonで文字列を扱う

前節までは、数値を計算、表示するためのプログラムを解説しました。しかし、プログラムの中で扱える値は、もちろん数値ばかりではありません。文字列や日付、真偽値（True、Falseからなる値）などなど、さまざまです。これら値の表し方、使い方を学んでいくのも、プログラミング学習の一環と言えるでしょう。

もっとも、一度にこれらを扱うことはできません。本節では、数値と並んでよく利用すると思われる文字列を、Pythonで扱う方法について学んでいきます。**文字列**とは、名前の通り、1個以上の文字が連なったもの（単語、文章）のことを言います。

文字列

文字列は、1個以上の文字が連なったもの

体験 Pythonで文字列を操作する

1 新規にファイルを作成する

P.59の手順に従って、0303フォルダーに「string.py」という名前でファイルを作成します。エディターが開いたら、右のようにコードを入力します。ただの文字列❶、ダブルクォートの入った文字列❷、複数の値❸を、それぞれ出力しています。

入力を終えたら、🖫（すべて保存）から保存してください。

```
01: print('こんにちは、Python！')        ❶
02: print('Hello, "GREAT" Python!!')      ❷
03: print('今年で',16,'歳です。成人まであと',18-16,'年です。早く大人になりたいです。')  ❸
```

Tips
全角文字を使って良いのは、日本語の部分だけです。アルファベットや記号を全角文字にしてしまうとコードが正しく動作しないので要注意です。

Tips
長いコードは見づらいので、右端で折り返して表示すると便利です。［表示］メニュー→［右端での折り返し］をクリックして、折り返しの表示を有効化します。

2 コードを実行する

［エクスプローラー］ペインからstring.pyを右クリックし❶、表示されたコンテキストメニューから［ターミナルでPythonファイルを実行する］を選択します❷。ファイルが実行されて、右のような結果が表示されます。

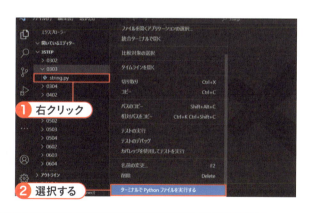

表示された

```
PS C:\3step> & C:/Users/nami-/AppData/Local/Programs/Python/Python313/python.exe c:/3step/0303/string.py
こんにちは、Python！
Hello, "GREAT" Python!!
今年で 16 歳です。成人まであと 2 年です。早く大人になりたいです。
```

理解 文字列の扱いを理解する

コードの中で文字列を表す

文字列を表すには、その前後をダブルクォート(")、またはシングルクォート(')で括ります。いずれを利用しても構いませんが、前後の記号は一致していなければなりません。

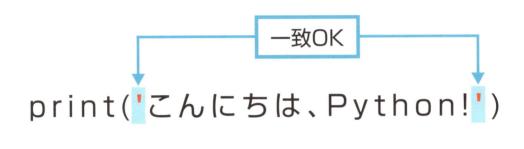

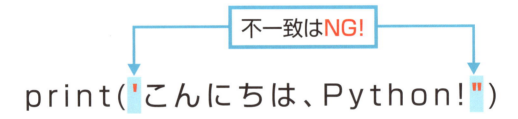

数値のように、クォートなしにそのまま文字列を表した場合には、エラーとなるので注意です。

```
print(こんにちは、世界！)
(SyntaxError: invalid character '、' (U+3001))
```

クォートがない場合、文字列は命令の一部と見なされてしまうのです。結果、コードの中に、正しくない文字(invalid character)があるよ、と怒られているわけですね。
SyntaxErrorは、文法が間違っている時に発生するエラーです。

クォート付きの文字列を表す

本書では、原則として文字列はシングルクォートで括るものとします。ただし、文字列そのものにシングルクォートが含まれている場合は、どうしたら良いでしょうか。

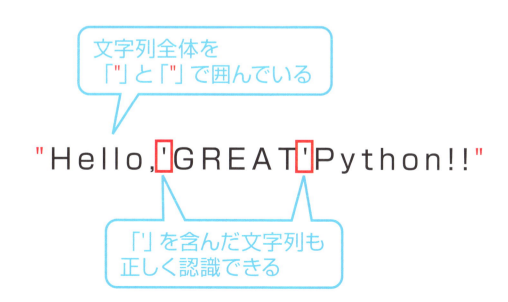

この例では、「Hello,」で文字列が終了したものと見なされるので、それ以降の文字列「GREAT' Python!!」が正しく認識できません。

そこで、文字列全体をダブルクォートで括ってやるのです。これで文字列はダブルクォートから次のダブルクォートまで、となるので、文字列にシングルクォートが含まれていても、きちんと認識されます。

文字列にダブルクォートを含みたい場合には、その逆となります。

```
print('You are "Great" teacher.')
```

ダブルクォート含みの文字列は
シングルクォートで括る

COLUMN　シングルクォート／ダブルクォートの両方を含めたい場合は?

ただし、シングルクォートとダブルクォートの両方を1つの文字列に含めたい場合には、上の方法では
うまくいきません。そのようなケースでは、クォートの前に「\」を付けてください。なお、macOSの場
合は option キーを押しながら、¥ キーを押すと、「\」を入力できます。

```
print('I\'m "Great" teacher.')
```

「\'」や「\"」で、(文字列の括りとしてではなく)ただの「'」や「"」と見なされます。この例ではシングル
クォートで括っているので、「'」だけを「\'」とします。

このような記法のことを**エスケープシーケンス**と呼びます。詳しくは**8-1**でも改めて扱います。

Pythonの改行

スクリプトは、1つ以上の命令の塊です。「あれをこうしなさい」という指示と、その手順(順
序)をまとめたもの、と言い換えても良いでしょう。そして、コードの中で1つ1つの命令を
表す単位が文です。

Pythonでは、個々の文を改行で区切るのがルールです。

個々の命令を
表すのが文

文は改行で区切る

```
print('こんにちは、Python!') ↵
```

```
print("Hello,'GREAT'Python!!") ↵
```

第3章　はじめてのPython

数値／文字列混在の値を表示する

print関数では、カンマ (,) 区切りで複数の値を列挙することで、値を順に出力することもできます。

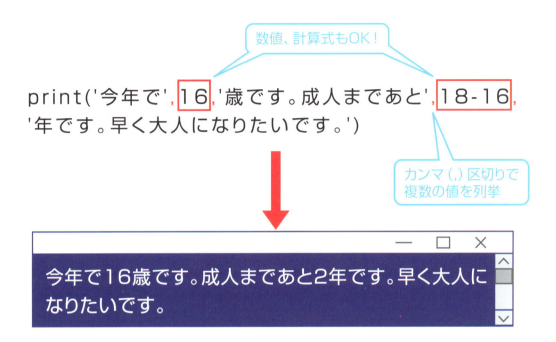

カンマ付きの書き方を覚えておくと、文字列、数値（計算式）が混在したような値もコンパクトに表示できますね。

- ▶文字列はシングルクォート、ダブルクォートで括る
- ▶ダブルクォートを含んだ文字列は、シングルクォートで括らなければならない（シングルクォートはその逆）
- ▶print関数にカンマ区切りで値を渡すと、値を順に出力できる

コードを読みやすく整形する

完成ファイル [0304] → [basic.py]、[string.py]

予習 読みやすいコードとは？

この後、より複雑なコードに取り組んでいく上で、「読みやすい」コードを心掛けることは大切です。たとえば、Pythonでは演算子や関数の区切り目などで空白、改行を加えても構いません。空白／改行を適切に利用すれば、コードがより読みやすくなります。

```
print(1+2*5)
print('今年で',16,'歳です')
```

空白や改行を追加

```
print(1 + 2 * 5)
print('今年で', 16, ↵
    '歳です。')
```

また、「読みやすい」コードという観点から、**コメント**についても解説します。コメントは、コードに添えられたメモ書きです。コメントは実行の際には無視されるので、コードの説明や覚え書きなどの用途で利用できます。

体験 これまでに作成したコードを整形する

1 ファイルをコピーする

VSCodeのエクスプローラーから0302フォルダーの「basic.py」を右クリックし❶、表示されたコンテキストメニューから[コピー]を選択します❷。

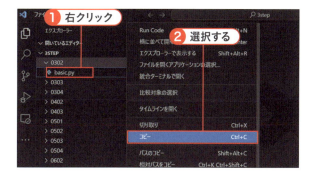

2 貼り付ける

[0304]フォルダーを右クリックし❶、表示されたコンテキストメニューから[貼り付け]を選択します❷。

3 空白とコメントを追加する

1～2でコピーしたファイルを開いて、右のように編集します❶。編集できたら、💾（すべてのファイルを保存）をクリックして❷、ファイルを保存してください。

> **Tips**
> 空白もコードの一部なので、全角空白は不可です。空白を挿入する際には、半角になっているかを確認しましょう。

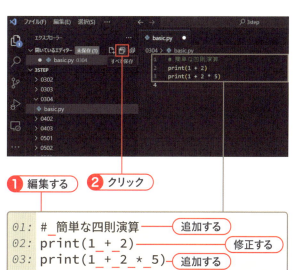

3-4 コードを読みやすく整形する　073

4 コードを実行する

[エクスプローラー]ペインから0304フォルダーのbasic.pyを右クリックし❶、表示されたコンテキストメニューから[ターミナルでPythonファイルを実行する]を選択します❷。ファイルが実行されて、右のような結果が表示されます。

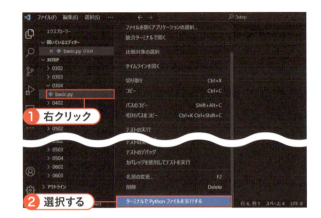

表示された

```
PS C:\3step> & C:/Users/nami-/AppData/Local/Programs/Python/Python313/python.exe c:/3step/0304/basic.py
3
11
```

5 改行とコメントを追加する

❶～❷と同じように、0303フォルダーの「string.py」を0304フォルダーにコピーします。コピーしたファイルを開いて、右のように編集して❶、保存します。

❹と同じようにstring.pyを実行します。コメントを追加した箇所は表示されず、右のような結果が表示されます。

```
01: """
02: 文字列を表示するためのコード
03: コメントの例を加えています。
04: """
05: # print('こんにちは、Python！')
06: print('Hello, "GREAT" Python!!')
07: print('今年で', 16,
08:       '歳です。成人まであと', 18 - 16,
09:       '年です。早く大人になりたいです。')
```

追加する / 追加する / 修正する

表示された

```
C:/Users/nami-/AppData/Local/Programs/Python/Python313/python.exe c:/3step/0304/string.py
Hello, "GREAT" Python!!
今年で 16 歳です。成人まであと 2 年です。早く大人になりたいです。
```

理解 空白／コメントのルールを理解する

空白を追加できる場所

Pythonでは、比較的自由にコード内に空白を加えられますが、それでも無制限というわけではありません。

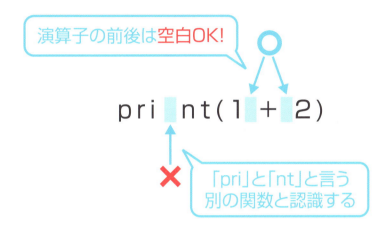

まず、単語の途中の空白はダメです。上の例であれば、Pythonは「pri」と「nt」と言う別の関数だと認識するからです。

空白は単語の区切りでだけ入れられます。一般的には、演算子の前後、カンマの後ろなどは空白を置くのが普通です。どこに空白を入れるのかは、この後のサンプルを見ながら、徐々に慣れていってください。

行先頭の空白はダメ

また、行先頭に空白を入れてはいけません。

```
    print('こんにちは、Python！')
```
（これは不可）

行先頭の空白は、**インデント**（字下げ）と呼ばれ、Pythonでは意味のある空白だからです。どのような時にインデントを利用するのかは、**6-2**で改めます。

3-4 コードを読みやすく整形する　075

改行を追加できる場所

まず、カッコの中で単語の区切りであれば、無条件に改行を加えることができます。一般的には、その中でも演算子やカンマの直後で改行を加えるのが見やすいでしょう。

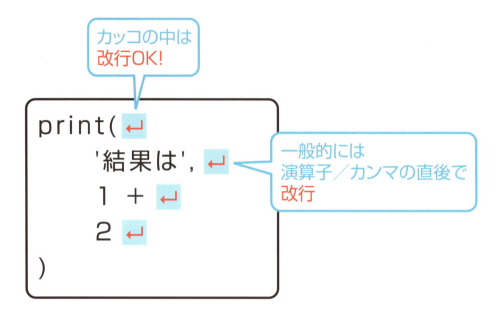

たとえば以下のコードは正しく動作しません。

```
print ← ここで文が終わりと見なされる
(1 + 2)
```

カッコの外の改行なので、printの直後で文が終了すると見なされるのです。このような場合には、文が続いていることを表すために「\」(バックスラッシュ)を使ってください(「\」はPythonシェル上でも利用可能です)。

```
print \ ― 文が続いていることをPythonに伝える
(1 + 2)
```

ちなみに、文継続中には**行先頭の空白も可能**です。一般的には、次の例のように、2行目以降は字下げして、本来は1行であることを表すようにします。

```
print('今年で', 16,
        '歳です。成人まであと', 18 - 16,
        '年です。早く大人になりたいです。')
```

Pythonのコメント

Pythonでは、以下のような形式でコメントを表せます。

1 単一行コメント

「#」以降、行の末尾までをコメントと見なします。

```
# print('こんにちは、Python！')
print('こんにちは、Python！')        # ここだけがコメント
```

この部分がコメント

冒頭に「#」を書けば行全体がコメントとなりますし、行途中に「#」を書けば、それ以降だけがコメントとなります。

2 複数行コメント

「"""～"""」(ダブルクォートが3個)、「'''～'''」(シングルクォートが3個)で囲まれた部分をコメントと見なします。

```
"""
文字列を表示するためのコード
コメントの例を加えています。
"""
```

この部分がコメント

なお、複数行コメントでは、コメント開始を表す「"""」や「'''」の前にインデントを付けることは**できない**ので注意してください。

3-4　コードを読みやすく整形する　077

> **COLUMN　ヒアドキュメント**
>
> 正しくは、「"""〜"""」や「'''〜'''」はコメント専用の構文ではなく、複数行の文字列を表すヒアドキュメントという構文です。文字列を指定しただけでは、Pythonはなにもしませんので、これを利用して、複数行コメントの代替としているのです。

コメントの使いどころ

コメントには、大きく以下のような使いどころがあります。

1 コードの説明

他人が書いたコードを読み解くのは大概読みにくいものですし、自分の書いたコードであっても、後で見返すとなにが書いてあるのかわからない、といったことはよくあります。そんな場合に備えて、コードの要所要所にコメントを残しておくことは大切です。

もちろん、すべての行にコメントを残すのでは、却ってコードが読みにくくなるだけです。一般的には、関数やメソッド（5-2）など意味あるコードの塊、もしくは、それだけでは意図を理解しにくいコードに対して、コメントを残します。

```
# 関数について説明するコメント
関数を定義するコード
_____
_____
```

```
# コードの意図を説明するコメント
わかりにくい複雑なコード
_____
_____
```

2 コードを無効化する

コードをコメント化し、一時的に無効化することを**コメントアウト**と言います。スクリプトが意図したように動作しない場合など、一部のコードをコメントアウトすることで、どこで問題が起こっているかを特定しやすくなります。

　　この1行をコメントアウト
```
# print('こんにちは、Python!')
print('Hello, "GREAT" Python!!')
```
　　2行目のコードだけ実行される

まとめ

- ▶単語の区切り目では、空白を入れることでコードを読みやすくできる
- ▶行先頭の空白（インデント）は意味があるので、挿入してはいけない
- ▶カッコの中で単語の区切りであれば、改行も加えられる
- ▶「\」を行末に置くことで文が継続していることを表す
- ▶「#」は単一行コメント、「"""〜"""」や「'''〜'''」は複数行コメントを表す

第3章 練習問題

◉問題1

Pythonシェルを起動して「5×3＋2」「4－6÷3」を計算してみましょう。

◉問題2

以下の文章は、Pythonの基本的な構文ルールについて述べたものです。正しいものには○を、間違っているものには×を記入してください。

( )　Pythonで利用できる文字コードはUTF–8に限定される

( )　ある定型的な処理をまとめたものを「関数」と呼ぶ

( )　文字列は、シングルクォート（'）、またはバッククォート（`）で括らなければならない

( )　print関数では、複数の値を「+」区切りで列挙することで、値を順に出力できる

( )　Pythonのコードにはカンマの後ろや演算子の前後などで、空白を加えても構わない

◉問題3

以下のようなコード／コマンドを記述して、実行してみましょう。

1. 「I'm from Japan.」という文字列を表示する
2. dataフォルダー配下のsample.pyを、ターミナルから実行する
3. 「10＋5は」、10+5（数式の結果）、「です。」を順に表示する

変数と演算

4-1　プログラムのデータを扱う

4-2　データに名前を付けて取り扱う

4-3　ユーザーからの入力を受け取る

◉第4章　練習問題

第4章 変数と演算

1 プログラムのデータを扱う

完成ファイル | なし

予習 データ（値）の型とは？

プログラムで扱う値（データ）は、すべて<u>型</u>を持っています（データの型ということで<u>データ型</u>とも言います）。型とはデータの種類のことです。たとえば15、123は整数型の値ですし、'こんにちは'、'XYZ'は文字列型の値です。

そして、型によってPythonができることも変化します。たとえば数値は互いに引き算できますが、文字列を引き算することはできません。本節では、代表的な型である整数型と文字列型を例に、データ型について理解していきます。

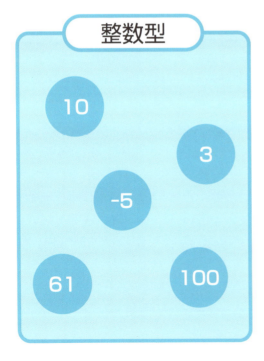

体験 データ型の違いを体験する

1 数値と文字列とを足し算する

P.53の手順に従って、ターミナルを起動して、コマンドライン上でpythonコマンドを実行します❶。macOSの場合は、ターミナルを起動し、python3コマンドを実行します。

数値と文字列の組み合わせで、足し算を実行します。右のようにコマンドを入力し❷❸、実行してください。❷❸のコマンドともに、TypeError（型が間違っている）というエラーが返されます。

```
PS C:\Users\nami-> python    ❶
Python 3.13.0 (tags/v3.13.0:60403a5, Oct  7 2024, 09:38:07) [MSC 
v.1941 64 bit (AMD64)] on win32
Type "help", "copyright", "credits" or "license" for more information.
>>> 13 + 'hoge'    ❷
Traceback (most recent call last):
  File "<python-input-0>", line 1, in <module>
    13 + 'hoge'
    ~~~^~~~~~~~
TypeError: unsupported operand type(s) for +: 'int' and 'str'
>>> 13 + '10'    ❸
Traceback (most recent call last):
  File "<python-input-1>", line 1, in <module>
    13 + '10'
    ~~~^~~~~
TypeError: unsupported operand type(s) for +: 'int' and 'str'
```

2 文字列と文字列とを足し算する

文字列と文字列の組み合わせで、足し算を実行します。右のようにコマンドを入力し❶❷、実行してください。それぞれ文字列が連結された結果が返されます。

```
>>> 'hoge' + 'foo'    ❶
'hogefoo'
>>> '13' + '10'    ❷
'1310'
```

表示された

4-1 プログラムのデータを扱う　083

3 文字列と文字列を引き算する

文字列と文字列の組み合わせで、引き算を実行します。右のようにコマンドを入力し❶、実行してください。TypeError（型が間違っている）というエラーが返されます。

```
>>> '13' - '10'   ❶
Traceback (most recent call last):
  File "<python-input-5>", line 1, in <module>
    '13' - '10'
    ~~~~~^~~~~~
TypeError: unsupported operand type(s) for -: 'str' and 'str'
```

4 文字列を数値に変換した上で計算する

数値を文字列、または文字列を数値に変換した上で、計算します。右のようにコマンドを入力し❶❷、実行してください。❶は計算した結果を連結したものが、❷は計算した結果が、それぞれ返されます。

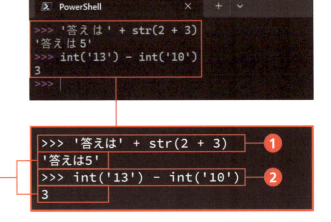

```
>>> '答えは' + str(2 + 3)    ❶
'答えは5'
>>> int('13') - int('10')    ❷
3
```

表示された

5 値の型を確認する

type命令を使って、値の型を確認します。右のようにコマンドを入力し❶❷、実行してください。それぞれの値に応じて、int（整数）、str（文字列）のような型が返されます。

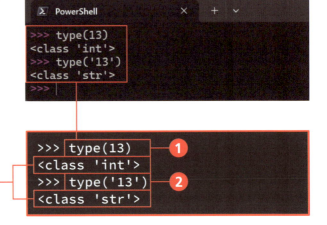

```
>>> type(13)          ❶
<class 'int'>
>>> type('13')        ❷
<class 'str'>
```

表示された

理解 データ型による動作の違いを理解する

数値と文字列とは足し算できない

体験❷でも見たように、まず、数値と文字列との足し算はできません。

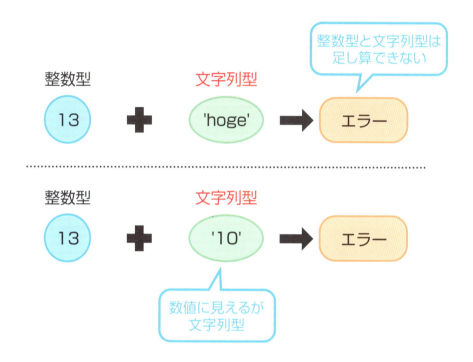

'10'などは一見して数値に見えますが、クォートで括られているので、Pythonは文字列と見なします。体験❶でも「unsupported operand type(s) for +: 'int' and 'str'」(int(整数)とstr(文字列)は「+」で計算できない)というエラーが確認できます。

文字列と文字列の演算

文字列と文字列ならば、足し算が可能です(体験❷)。ただし、正しくは足し算ではなく、文字列の場合は、互いを結合します。
先ほども触れたように、Pythonでは'13'、'10'は(数値に見えたとしても)文字列なので、「'13' + '10'」の結果は「23」ではなく、「1310」となる点に注目です。
足し算ができるのならば、引き算も、と思ってしまいそうですが、文字列同士の引き算はできません(体験❸)。

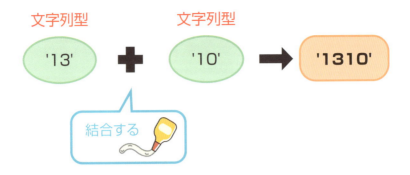

変わり種として、文字列と数値の掛け算は可能です。

```
>>> 'Hoge' * 3
'HogeHogeHoge'
```

数値の掛け算と同じく、「'Hoge' * 3」は「'Hoge' + 'Hoge' + 'Hoge'」というわけですね。

データ型を変換する

以下のような式は、TypeErrorエラー（型が間違っている）となります。

```
>>> '答えは' + (2 + 3)
Traceback (most recent call last):
  File "<python-input-10>", line 1, in <module>
    '答えは' + (2 + 3)
    ~~~~~~~~~^~~~~~~~~
TypeError: can only concatenate str (not "int") to str
```

これまでの説明を理解していれば理由は明らかで、文字列と数値とを足し算することはできないからです。であれば、数値を文字列にしてやれば良いのではないか、と思った人は正解。そのために用意されているのがstrという命令です（体験5）。

strには、文字列にしたい値を渡すだけです。これで値は文字列に変換され、文字列同士、めでたく「+」演算子で連結できるというわけです。

同じく、文字列を数値（整数）に変換する場合には、intという命令を利用します。ただし、int

の場合には数値に変換できない文字列を渡すとエラーとなるので注意してください（以下のエラーでは「int関数に不正な値が渡された」と言っています）。

```
>>> int('hoge')
Traceback (most recent call last):
  File "<python-input-11>", line 1, in <module>
    int('hoge')
    ~~~^^^^^^^^
ValueError:invalid literal for int() with base 10:'hoge'
```

Pythonのデータ型

Pythonには、整数型（int）、文字列型（str）のほかにも、さまざまな型が用意されています。その中でも最初に覚えておきたいのが、以下のものです。

値の型は、typeという命令を利用することでも確認できます（体験5）。

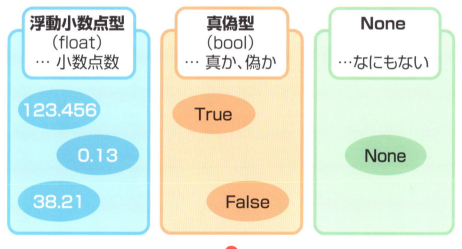

まとめ

- ▶値はすべてなんらかの型を持つ
- ▶型によってできる操作が変化する
- ▶「文字列 + 文字列」で、文字列を連結できる
- ▶str関数は数値を文字列に、int関数は文字列を数値に変換する
- ▶type関数を利用することで、その値の型を調べられる

第4章 変数と演算

② データに名前を付けて取り扱う

完成ファイル [0402] → [var.py]

予習 変数とは？

スクリプトとは、言うなれば、最終的な結果（解）を導くための、途中の計算式を表したものです。複雑な計算（処理）になれば、途中の値を一時的に保存したくもなるでしょう。そのための道具が **変数** です。

変数とは、値を入れておくための箱と思っても良いかもしれません。変数（箱）に入れた値は、あとから入れ替えることも可能です。変数（変更できる数）と呼ばれる所以です。

また、変数にはあとから互いに区別できるように名前が付けられています。変数の名前のことを **変数名** とも言います。

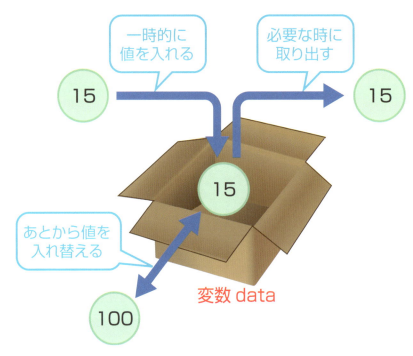

体験 変数に値を出し入れする

1 変数に数値を設定／参照する

P.59の手順に従って、0402フォルダーに「var.py」という名前でファイルを作成します❶❷。エディターが開いたら、右のようにコードを入力します。変数dataに数値を設定して❸、値を確認したり❹、計算したり❺しています。入力を終えたら、🖫（すべて保存）から保存してください。

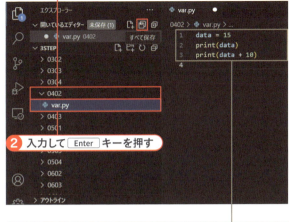

```
01: data = 15          ❸
02: print(data)        ❹
03: print(data + 10)   ❺
```

2 コードを実行する

［エクスプローラー］ペインからvar.pyを右クリックし❶、表示されたコンテキストメニューから［ターミナルでPythonファイルを実行する］を選択します❷。ファイルが実行されて、右のように、変数の中身や計算結果が表示されます。

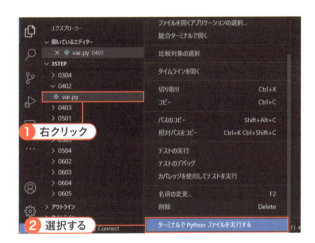

```
PS C:\3step> & C:/Users/nami-/AppData/Local/Programs/
Python/Python313/python.exe c:/3step/0402/var.py
15
25
```

表示された

4-2 データに名前を付けて取り扱う 089

3 変数に文字列を代入する

1で作成したコードに、右のようにコードを追加します。同じ変数dataに、今度は文字列を代入し❶、その内容を確認します❷。
入力を終えたら、 ■ (すべてを保存) から保存してください。

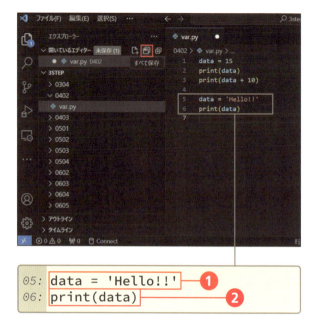

```
05: data = 'Hello!!'   ❶
06: print(data)        ❷
```

4 コードを実行する

2と同じようにvar.pyを実行します。先ほど確認した結果の後ろに、追加したコードの結果「Hello!!」が表示されます。

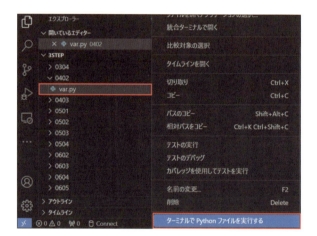

```
PS C:\3step> & C:/Users/nami-/AppData/Local/Programs/
Python/Python313/python.exe c:/3step/0402/var.py
15
25
Hello!!
```
表示された

5 存在しない変数にアクセスする

3で作成したコードに、右のようにコードを追加します。存在しない変数hogeにアクセスしています❶。

入力を終えたら、🖫(すべて保存)から保存してください。

```
08: print(hoge)  ❶
```

6 コードを実行する

2と同じようにvar.pyを実行します。指定された変数が存在しないため、先ほど確認した結果の後ろに、「NameError:～」というエラーが返されます。

```
PS C:\3step> & python c:\3step\0402\var.py
15
25
Hello!!
Traceback (most recent call last):
  File "c:\3step\0402\var.py", line 8, in <module>
    print(hoge)
          ^^^^
NameError: name 'hoge' is not defined
```

表示された

理解 変数の基本を理解する

変数の準備

変数を利用するには、以下のような構文で、「変数の名前」と「最初に入れておく値」を設定します。

▼構文　変数の準備

変数名 ＝ 値

「=」は、算数の世界では「左辺と右辺が等しい」ことを意味しますが、Pythonでは「右辺の値を左辺の変数に格納する」ことを表します。変数に値を格納することを**代入**と言います（特に、変数に最初に値を代入することを区別して、**初期化する**と言う場合もあります）。

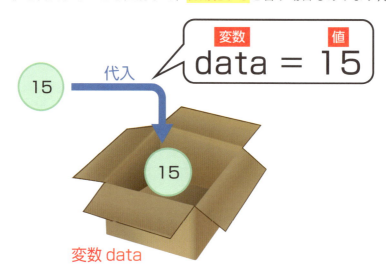

「data = 15」であれば、dataという名前で変数を準備し、その値として15を代入しなさい、というわけです（体験❶）。以降は、この「data」という名前を使って、中のデータにアクセスできるようになります。

変数の値を確認する

用意された変数の中身を確認するには、単に「変数名」と表すだけです。よって、「print(変数名)」で、「変数の値を表示しなさい」となります。名前を指定して変数の値を取り出すことを、変

数を **参照する** などと呼ぶ場合もあります（体験❶）。

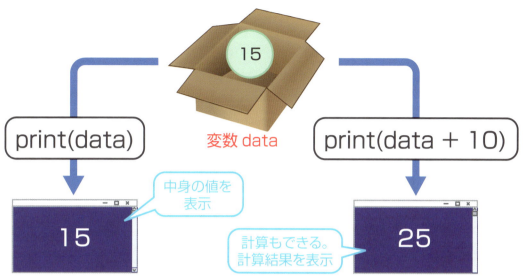

ただし、（当たり前ですが）参照できるのは、あらかじめ準備された変数だけです。指定された変数が存在しない場合、「NameError: name 'hoge' is not defined」（hogeという名前の変数は存在しません！）のようなエラーになります（体験❻）。

変数の値は変更できる

変数は「変えられる数」という意味なので、その値を変更することも可能です。

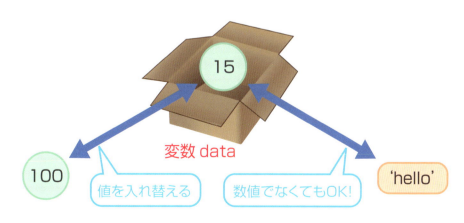

この時、（たとえば）数値の入っていた変数に文字列を代入しても良い点に注目です（体験❸）。Pythonの変数は、なんでも入れられる万能の箱なのです。

4-2　データに名前を付けて取り扱う　093

> **COLUMN** 型にうるさい言語も
>
> 一方、文字列のための変数には文字列しか入れられない、数値のための変数には数値しか入れられないという言語もあります（たとえば以前にも登場したJavaなどは、そうした言語の一種です）。そのような言語で、数値のための変数に文字列を代入した場合にはエラーとなります。
> 世の中には、型に寛容な言語と、厳しい言語とがある、と覚えておきましょう。

名前付けのルール

変数の名前を付ける際には、以下のルールに従う必要があります。
・名前に利用できるのはアルファベットと数字、アンダースコア（_）
・ただし、先頭文字に数字は利用できない
・Pythonで意味を持つ予約語（たとえばif、forのような）でないこと
よって、以下のような名前はいずれも不可です。

> **COLUMN** Pythonの予約語
>
> 予約語とは、Pythonで既に役割が決められたキーワードのこと。Pythonの予約語には、以下のようなものがあります。その他、（予約語ではありませんが）printのような組み込み関数の名前も変数名にするのは避けるべきです。
>
> | False | None | True | and | as | assert | async |
> |--------|--------|---------|----------|----------|--------|-------|
> | await | break | class | continue | def | del | elif |
> | else | except | finally | for | from | global | if |
> | import | in | is | lambda | nonlocal | not | or |
> | pass | raise | return | try | while | with | yield |

また、文法上のルールではありませんが、読みやすいコードのためには、以下のような点にも気を配ると良いでしょう。

① **名前から値の意味を類推しやすい**

たとえば刊行日を表すならば、「x」や「i」のような名前よりも「publish_date」のような名前が望ましいでしょう。

② **長すぎず、短すぎず**

たとえば検索キーワードを表すために kw は短すぎますが、keyword_for_search のような名前は冗長にすぎます。一般的には、keyword で十分でしょう。適切な長さの名前は、コードも読みやすくします。

③ **決められた記法で統一する**

英単語で、単語の間はアンダースコア(_)で繋ぐのが一般的です。このような記法を**アンダースコア記法**、または**スネーク記法**と言います。last_name、publish_date のように表します。

💬 **COLUMN** | **よく見かける名前の表記**

アンダースコア記法の他に、よく見かける記法には、以下のようなものがあります。

・camelCase記法：先頭単語の頭文字は小文字、それ以降の単語の頭文字は大文字（例：lastName、publishDate）

・Pascal記法：すべての単語の頭文字を大文字に（例：LastName、PublishDate）

📍 **まとめ**

▶ 変数は「変数名 = 値」で準備してから使う

▶「変数名」で変数の中身を参照できる

▶ 変数の名前には、アルファベット、数字、アンダースコアを利用できる

▶ 変数の名前は中身を類推できる具体的な名前を付けるべきである

4-2　データに名前を付けて取り扱う　095

第4章 変数と演算

3 ユーザーからの入力を受け取る

完成ファイル [0403] → [bmi.py]

予習 キーボードからデータを入力させる

変数には、コード内で記した値を渡すばかりではありません。外から値を受け取って、これを変数に保存しておくこともできます。「外から」値を受け取る方法にはさまざまありますが、ここではinputという関数を利用して、キーボードからの入力を受け取る方法を紹介します。

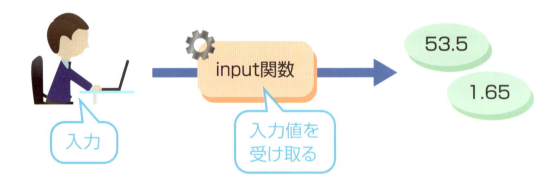

本節で紹介するのは、入力された身長／体重をもとにBMI（Body Mass Index）を求める例です。BMIは肥満度を表す値で18.5〜25が標準、それより小さければ痩せている、大きければ肥満と見なします。「体重（kg）÷身長（m）^{2}」で求められます。

体験 キーボードからの入力を変数に代入する

1 キーボードからの入力を受け取る

P.59の手順に従って、0403フォルダーに「bmi.py」という名前でファイルを作成します。エディターが開いたら、右のようにコードを入力します。キーボードからの入力を変数 weight／heightに代入し❶、その値をもとにBMI値を求めます❷。
入力を終えたら、 （すべて保存）から保存してください。

ファイルを作成する

```
01: weight = float(input('体重(kg)を入力してください:'))
02: height = float(input('身長(m)を入力してください:'))
03:
04: bmi = weight / (height * height)
05: print('結果:', bmi)
```

❶
❷

2 コードを実行する

[エクスプローラー]ペインからbmi.pyを右クリックし❶、表示されたコンテキストメニューから[ターミナルでPythonファイルを実行する]を選択します❷。

❶ 右クリック
❷ 選択する

3 身長と体重を入力する

ファイルが実行されて、身長や体重の入力を促すメッセージが表示されるので、値を入力して、Enterキーを押すと❶、計算結果が表示されます。

Tips
身長の単位は「cm」ではなく「m」ですので、間違えないようにしてください。

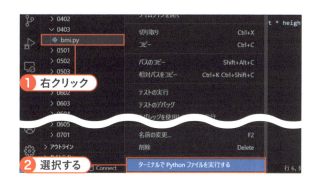

表示された

```
PS C:\3step> & C:/Users/nami-/
AppData/Local/Programs/Python/
Python313/python.exe
c:/3step/0403/bmi.py
体重(kg)を入力してください:53.5
身長(m)を入力してください:1.65
結果: 19.65105601469238
```

❶ 入力して Enter キーを押す

4-3 ユーザーからの入力を受け取る 097

理解 キーボードから入力された値の扱いを理解する

キーボードからの入力を受け取る

キーボードからの入力を受け取るには、input関数を利用します。

▼構文　input関数

input(入力を促すためのメッセージ)

input関数は、キーボードから入力された文字列を返します。体験❶のコードでは、input関数から返された値を、それぞれweight、heightという変数に代入しているのです。

さまざまな関数

これまで「ある処理の塊を表すものが関数」と説明してきましたが、ここで改めて関数の役割を、覚えておきたい用語と合わせてまとめておきます。

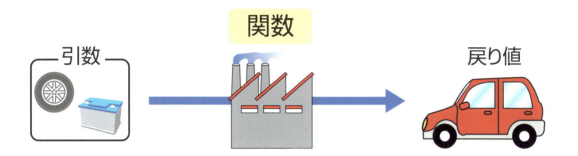

まず、関数には処理で利用するための材料（入力）を渡すことができます。これを **引数**（ひきすう）と言います。そして、なんらかの処理を行った結果（出力）を返すことができます。この結果を **戻り値**、または **返り値** と言います。

もっとも、関数によっては、引数だけがあって戻り値がないもの、引数も戻り値もないものなどもあります。たとえば、print関数は「引数はあるけど、戻り値はない」関数です。

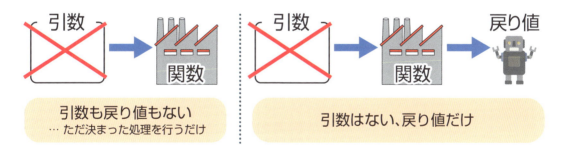

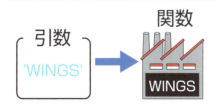

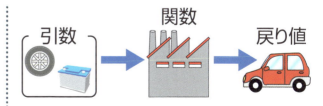

関数は入れ子にもできる

ある関数の戻り値を、別の関数の引数として渡すこともできます。

float(input('身長(m)を入力してください:'))

float関数の引数がinput関数の戻り値

この例であれば、input関数から返された入力値をfloat関数に渡して、小数点型に変換しているわけです（input関数の戻り値は文字列型なので、そのままではBMI値を計算する際にエラーとなってしまいます）。

> **COLUMN** | float 関数
>
> floatは、int ／ str関数と同じく、渡された値の型を強制的に変換するための関数です。**4-3**では値をそのまま変換していたので、あまり有難みを感じなかったかもしれません。一般的には、体験の例のように、関数が返した値（型）がそのまま利用できない場合に利用します。

COLUMN　ブラウザー環境でPythonのコードを実行する ― CodeChef

本書では、VSCode環境でPythonのコードを実行しました。しかし、それらの環境を整えるのさえ面倒という場合には、ブラウザーだけでPythonコードを実行するためのサービスもあります。たとえばCodeChef（https://www.codechef.com/ide）が、それです。

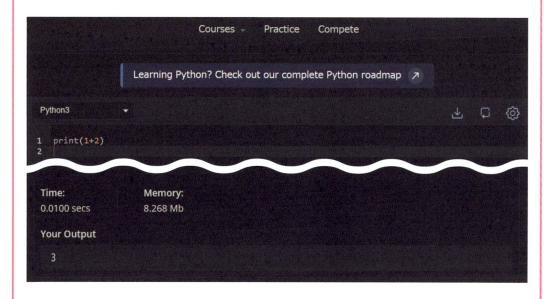

左上の選択ボックスから［Python3］を選択し、あとは中央のエディターにコードを入力するだけです。［Run］ボタンのクリックで、コードを実行できます。

CodeChefでは、Pythonだけでなく、Java、C#、PHP、Rubyなど、主なプログラミング言語に対応しているので、将来、他の言語をちょっと齧ってみたい（でも、環境をいちいち整えるのは面倒）という場合にも役立つはずです。

= まとめ =

- ▶キーボードからの入力を受け取るには、input関数を利用する
- ▶関数に対して渡す値のことを「引数」、関数の処理結果のことを「戻り値」と呼ぶ
- ▶ある関数の戻り値を別の関数の引数として渡すこともできる

第4章 練習問題

◉問題1

以下は、Pythonの演算子／関数に関する記述です。正しいものには○を、間違っているものには×を記入してください。

- (　　)　「+」や「*」などの演算子は、数字に対してのみ利用できる
- (　　)　数値形式の文字列をint関数に渡すことで、整数に変換できる
- (　　)　'10' + '20'を演算した結果は30である
- (　　)　存在しない変数を参照した場合、undefinedという値が返される
- (　　)　文字列を格納した変数に後から数値を代入することはできない

◉問題2

以下は、Pythonの変数ですが、構文的に誤っているものがあります。誤りを指摘してください。誤りのないものは「正しい」と答えてください。

1. `1data`　　2. `hoge_foo`　　3. `hoge-1`　　4. `if`　　5. `DATA`

◉問題3

以下のコードには、構文上の誤りが4か所あります。これを修正して、正しいコードに改めてみましょう。

```
# bmi.py

weight = input('体重(kg)を入力してください：')
height = input('身長(m)を入力してください：')

bmi = weight / (height * height);
print('結果：' + bmi)
```

データ構造

- **5-1** 複数の値をまとめて管理する
- **5-2** リストに紐づいた関数を呼び出す
- **5-3** キー／値の組みでデータを管理する
- **5-4** 重複のない値セットを管理する
- ●第5章　練習問題

第5章 データ構造

1 複数の値をまとめて管理する

完成ファイル　[0501] → [list.py]、[list2.py]

 予習 リストについて

リストとは、文字列、数値などと同じく、データを扱うための型の一種です。ただし、文字列や数値が単一の値を表すのに対して、リストは複数の値を表します。関連する複数の値を順番に並べ、まとめて表せるのが、リストなのです。

リスト

| 山田太郎 | 佐藤次郎 | 鈴木花子 | 井上健太 | 小川裕子 |

複数の値を1つに束ねる

リストを利用することで、互いに関係する値の集合を1つの変数で管理できるので、コードをすっきり表現できます。「すべての値を書き出したい」と思った時も、リストであれば「中身をすべて書き出しなさい」とすれば良いからです（リストを使わずに、値を別々の変数に代入した場合には、「●○と●○と●○と…を書き出しなさい」と、書き出すべきすべての変数をPythonに伝えなければなりません！）。

体験 簡単なリストを作成する

1 リストを作成し、中身にアクセスする

P.59の手順に従って、0501フォルダーに「list.py」という名前でファイルを作成します。エディターが開いたら、右のようにコードを入力します。リストを作成し❶、その中身を確認します❷。
入力を終えたら、 (すべて保存) から保存してください。

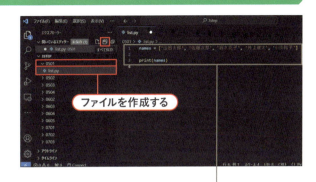
ファイルを作成する

```
01: names = ['山田太郎', '佐藤次郎', '鈴木花子', '井上健太', '小川裕子']   ❶
02:
03: print(names)   ❷
```

2 コードを実行する

[エクスプローラー] ペインからlist.pyを右クリックし❶、表示されたコンテキストメニューから[ターミナルでPythonファイルを実行する]を選択します❷。ファイルが実行されて、右のようにリストの中身が表示されます。

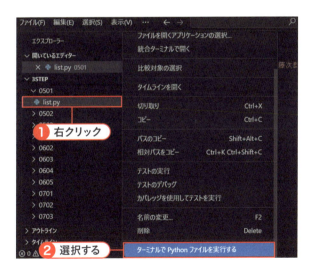

```
PS C:\3step> & C:/Users/nami-/AppData/Local/Programs/
Python/Python313/python.exe c:/3step/0501/list.py
['山田太郎', '佐藤次郎', '鈴木花子', '井上健太', '小川裕子']
```
表示された

5-1 複数の値をまとめて管理する

3 リスト内の値やサイズにアクセスする

1と同じように、0501フォルダーに「list2.py」という名前でファイルを作成します。エディターが開いたら、右のようにコードを入力します。リストを作成し**1**、**2**でリストの先頭の値に、**3**で末尾から2番目の値にそれぞれアクセスし、**4**でリストのサイズ（値の個数）を取得します。

入力を終えたら、💾（すべて保存）から保存してください。

Tips
変数namesに設定されたリストは、**1**で作成したものと同じです。一から入力するのが面倒であれば、list.pyからコピー＆ペーストしても構いません。

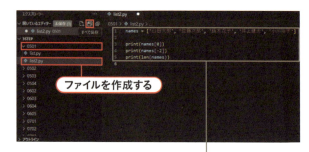

ファイルを作成する

```
01: names = ['山田太郎', '佐藤次郎', '鈴木花子', '井上健太', '小川裕子']   ―❶
02:
03: print(names[0])     ―❷
04: print(names[-2])    ―❸
05: print(len(names))   ―❹
```

4 コードを実行する

2と同じようにlist2.pyを実行します。右のようにリスト内の指定された値やサイズが表示されます。

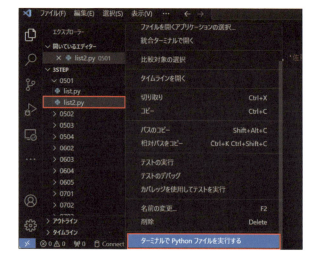

```
PS C:\3step> & C:/Users/nami-/AppData/Local/Programs/Python/Python313/python.exe c:/3step/0501/list2.py
山田太郎
井上健太
5
```

表示された

理解 リストの基本を理解する

リストを生成する

リストを生成するには、カンマで区切った値をブラケット ([...]) で括るだけです。

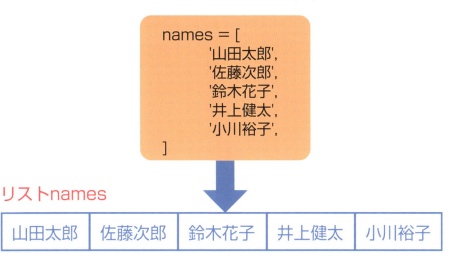

これで5個の文字列をまとめたリスト（名前はnames）が準備できたことになります。リストに含まれる個々の値は**要素**と呼ぶ場合もあります。

[]とだけ書くことで、空のリストを作成することもできます。

リストの要素で利用できる値

リストの要素として利用できるのは、文字列だけではありません。整数、小数…その他、Pythonで扱えるすべての型が使えます。あまりそうすることはありませんが、同じリストに、異なる型の値が混ざっていても構いません。

```
list = ['A', 2018, 'wings', 0.1, True]
```

リストの要素にアクセスする

リスト内の要素には、先頭から順番に番号が振られます。この番号のことを**添え字**、または**インデックス番号**と呼びます。

5-1 複数の値をまとめて管理する　107

それぞれの要素には「名前[添え字]」の形式でアクセスします。ただし、Pythonの世界では先頭を「1」ではなく、「0」番目と数える点に注意してください。よって、先頭の要素を取り出すならば、「names[0]」とします。

「names[0] = '...'」のようにすることで、既存の値を書き換えることも可能です。

リストの要素に後ろからアクセスする

添え字にはマイナスの数値を指定することもできます。この場合には、最後の要素を-1と数えて、順繰りに遡っていきます（体験3）。「後ろから何番目」のような用途で、リストにアクセスしたい場合に便利な構文です。

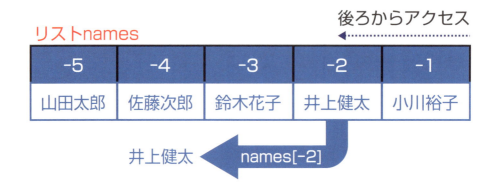

リストのサイズを取得する

len関数を利用することで、格納されている値の個数も簡単に取得できます。
体験3の例であれば、リストnamesのサイズは5です。先ほども触れたように、添え字は0ではじまるので、実際にアクセスできる添え字は「0〜len(names) - 1」の間ということになります。

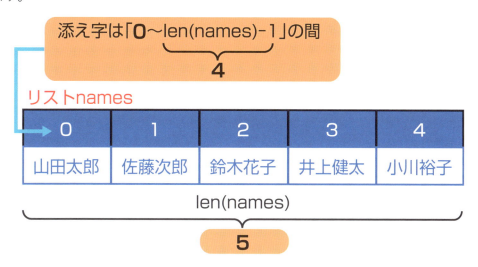

> **COLUMN　リストを部分的に抜き出す「スライス構文」**
>
> names[1:4]のようなアクセスも可能です。この場合、「添え字が1の要素から4の要素の前（＝3の要素）まで」を取得します。体験の例であれば、「['佐藤次郎', '鈴木花子', '井上健太']」を得ます。このような構文のことをスライス構文と言います。

まとめ

▶ リストは複数の値をまとめて管理するためのしくみである
▶ リストは、[値, 値, ...]の形式で作成できる
▶ リストの要素には番号が振られており、「リスト名[番号]」でアクセスできる
▶ リスト要素の番号は「0〜len(リスト) － 1」の範囲で指定できる

5-1　複数の値をまとめて管理する　109

第5章 データ構造

② リストに紐づいた関数を呼び出す

完成ファイル　[0502] → [list_method.py]、[list_method2.py]
　　　　　　　　　　　　[list_method3.py]

予習　リストで可能な操作とは？

リストは、あとからサイズを変更することもできます。要素を追加（挿入）、削除することで、リストのサイズも自動的に変化する、というわけです。

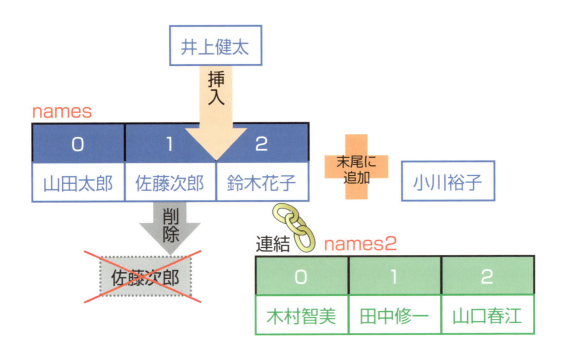

また、ここではリストの操作を通じて、特定の型に紐づいた関数（＝**メソッド**）の使い方についても学びます。

体験 リストの内容を操作する

1 リストにあとから値を追加する

P.59の手順に従って、0502フォルダーに「list_method.py」という名前でファイルを作成します。エディターが開いたら、空のリストを作成した後❶、個別に値を追加するためのコードを入力し❷、リストの内容を表示します❸。

入力を終えたら、🖫（すべて保存）から保存してください。

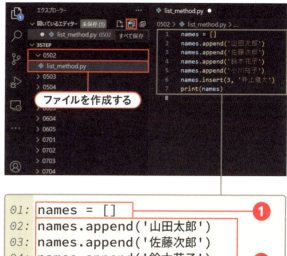

ファイルを作成する

```
01: names = []
02: names.append('山田太郎')
03: names.append('佐藤次郎')
04: names.append('鈴木花子')
05: names.append('小川裕子')
06: names.insert(3, '井上健太')
07: print(names)
```

❶
❷
❸

2 コードを実行する

［エクスプローラー］ペインからlist_method.pyを右クリックし❶、表示されたコンテキストメニューから［ターミナルでPythonファイルを実行する］を選択します❷。ファイルが実行されて、右のようにリストの中身が表示されます。

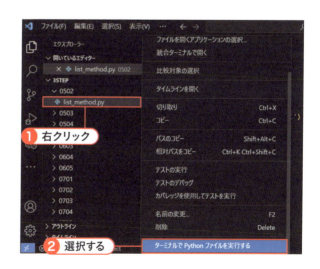

❶ 右クリック
❷ 選択する

表示された

```
PS C:\3step> & C:/Users/nami-/AppData/Local/Programs/Python/Python313/python.exe c:/3step/0502/list_method.py
['山田太郎', '佐藤次郎', '鈴木花子', '井上健太', '小川裕子']
```

5-2 リストに紐づいた関数を呼び出す　111

3 リストの内容を削除する

1と同じように、0502フォルダーに「list_method2.py」という名前でファイルを作成します。エディターが開いたら、右のようにコードを入力します。最初にリストを作成し❶、リストの添え字が3の要素を削除＆表示し❷、更に「小川裕子」を削除した後❸、最終的なリストの内容を表示します❹。
入力を終えたら、 (すべて保存) から保存してください。

Tips
変数namesに設定されたリストは、P.105の1で作成したものと同じです。一から入力するのが面倒であれば、list.pyからコピー＆ペーストしても構いません。

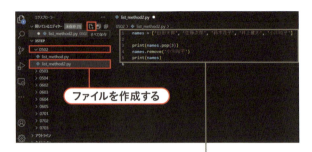

ファイルを作成する

```
01: names = ['山田太郎', '佐藤次郎', '鈴木花子', '井上健太', '小川裕子']   ❶
02:
03: print(names.pop(3))    ❷
04: names.remove('小川裕子')   ❸
05: print(names)   ❹
```

4 コードを実行する

1と同じようにlist_method2.pyを実行します。popメソッドで削除された値❶と、最終的なリストの内容❷が表示されます。

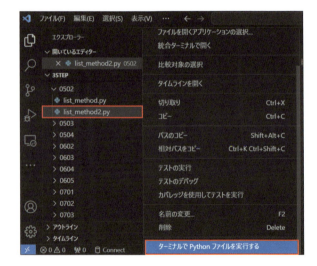

表示された

```
PS C:\3step> & C:/Users/nami-/AppData/Local/Programs/Python/Python313/python.exe c:/3step/0502/list_method2.py
井上健太    ❶
['山田太郎', '佐藤次郎', '鈴木花子']   ❷
```

5 リスト同士を連結する

1と同じように、0502フォルダーに「list_method3.py」という名前でファイルを作成します。エディターが開いたら、右のようにコードを入力します。リストとしてnames、names2を作成した後①、リストを連結&表示します②。
入力を終えたら、■(すべて保存)から保存してください。

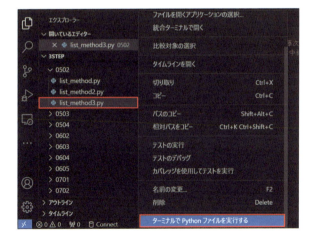

ファイルを作成する

```
01: names = ['山田太郎', '佐藤次郎', '鈴木花子']      ①
02: names2 = ['木村智美', '田中修一', '山口春江']
03:
04: print(names + names2)      ②
```

6 コードを実行する

4と同じようにlist_method3.pyを実行します。リストnames、names2を連結した結果が表示されます。

```
PS C:\3step> & C:/Users/nami-/AppData/Local/Programs/Python/
Python313/python.exe c:/3step/0502/list_method3.py
['山田太郎', '佐藤次郎', '鈴木花子', '木村智美', '田中修一', '山口春江']
```

表示された

5-2 リストに紐づいた関数を呼び出す　113

理解 型に属するメソッドについて

特定の型に紐づいた関数＝メソッド

あらかじめ決められた処理を実行するためのしくみを、関数と言うのでした。その関数の中でも、特定の型でだけ利用できる関数があります。たとえば文字列型からのみ呼び出せる関数、整数型からのみ呼び出せる関数、のようにです。
このような関数のことを、**メソッド**と呼びます。

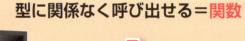

型に関係なく呼び出せる＝関数

表示する　　文字列に変換　　数値に変換

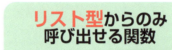

リスト型からのみ呼び出せる関数　　文字列型からのみ呼び出せる関数

値を削除　値を挿入　　置換する　検索する

メソッド ← 特定の型に紐づいた関数

メソッドを呼び出す場合、関数とは若干、書き方も変化します。特定の型を前提とした「関数」なので、呼び出す場合も「変数名.」が頭に付くわけですね。

▼構文　メソッドの呼び出し

変数名.メソッド名(引数, ...)

> **COLUMN　型とオブジェクト**
>
> それぞれの型の形式で表した具体的な値が、1-3でも触れたオブジェクトです。プログラムの中で扱うモノというわけですね。オブジェクトは「データ」と「機能」を持つと説明しましたが、リスト型（オブジェクト）であれば、リストに格納された要素（群）が「データ」であり、「要素を追加／削除する」などのメソッドが「機能」です。
> また、値のもととなる型のことを、オブジェクト指向の世界ではクラスと呼びます。

リストに値を追加／挿入する

リストの末尾に値を追加するならばappendメソッドを、途中に値を挿入するならばinsertメソッドを利用します。

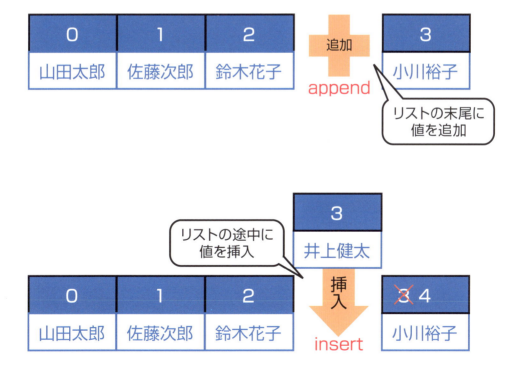

値を挿入した場合には、以降の要素は1つずつ後方に移動します。

5-2　リストに紐づいた関数を呼び出す　115

リストの値を削除する

リストでは、値を削除するためにpop／removeというメソッドを用意しています。

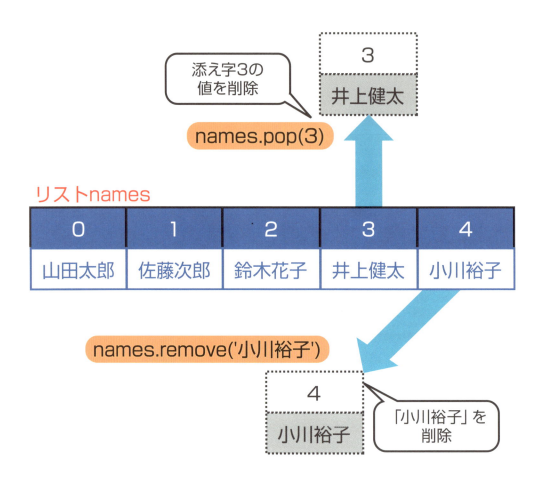

popメソッドが添え字（番号）で削除する値を指定するのに対して、removeメソッドは値そのもので指定します。ただし、removeメソッドで該当する値が複数あった場合にも、削除されるのは最初の1つだけです。

また、popは名前の通り、値を取り出す（popする）役割もあります。削除した値を戻り値として返します。一方、removeは削除するだけで、戻り値はありません。

リストの内容をすべて削除するならば、clearメソッドを呼び出します。

リストを連結する

リスト同士を「+」演算子で連結することもできます。演算子は型によって挙動が変化する、ということを思い出してください（**4-1**を参照）。

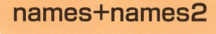

まとめ

- ▶特定の型に紐づいた関数のことをメソッドと呼ぶ
- ▶リストに値を追加するには、append／insertメソッドを利用する
- ▶リストに保存されている値を削除するには、remove／popメソッドを利用する
- ▶リストに値を追加／削除した場合、リストのサイズは自動的に変更される
- ▶「+」演算子を利用することで、リストを連結できる

キー／値の組みでデータを管理する

完成ファイル　[0503] → [dict.py]、[dict2.py]、[dict3.py]、[dict4.py]

予習　辞書とは？

複数の値を1つに束ねるリストは、便利なしくみです。しかし、値を参照するために使えるのは添え字と呼ばれる意味のない連番だけで、不便に感じることもあります。

そこで登場するのが、**辞書**と呼ばれる型です。辞書もリストと同じく、複数の値を管理するための型です。しかし、個々の要素にアクセスするために、意味ある文字列キーを利用できる点が異なります。

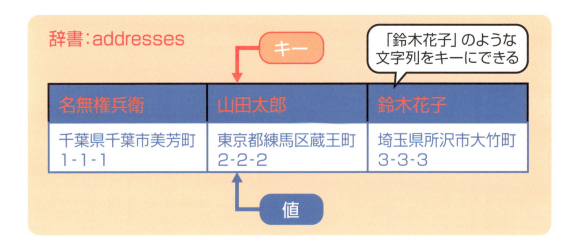

ある項目（キー）と内容が対になっているという意味で、「辞書」と呼ばれるわけです。

体験 辞書を作成する

1 辞書を作成する

P.59の手順に従って、0503フォルダーに「dict.py」という名前でファイルを作成します。エディターが開いたら、辞書を作成し❶、その中身を確認するためのコードを入力します❷。

入力を終えたら、■(すべて保存)から保存してください。

Tips
このように1つの命令が長くなる場合には、要素の区切りで改行を加えると、コードが見やすくなります。コードの途中で改行した場合、要素ごとに先頭位置を揃えると、より読みやすくなります。

```
01: addresses = {
02:     '名無権兵衛': '千葉県千葉市美芳町1-1-1',
03:     '山田太郎': '東京都練馬区蔵王町2-2-2',
04:     '鈴木花子': '埼玉県所沢市大竹町3-3-3',
05: }
06:
07: print(addresses)
```

2 コードを実行する

[エクスプローラー]ペインからdict.pyを右クリックし❶、表示されたコンテキストメニューから[ターミナルでPythonファイルを実行する]を選択します❷。ファイルが実行されて、辞書の内容が表示されます。

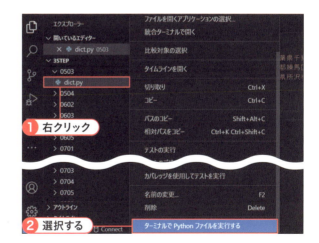

```
PS C:\3step> & C:/Users/nami-/AppData/Local/Programs/Python/Python313/python.exe c:/3step/0503/dict.py
{'名無権兵衛': '千葉県千葉市美芳町1-1-1', '山田太郎': '東京都練馬区蔵王町2-2-2', '鈴木花子': '埼玉県所沢市大竹町3-3-3'}
```

5-3 キー／値の組みでデータを管理する 119

3 辞書にアクセスする

①と同じように、0503フォルダーに「dict2.py」という名前でファイルを作成します。エディターが開いたら、右のようにコードを入力します。辞書を新規に作成した後 ❶、キー「山田太郎」の値にアクセスします ❷。
入力を終えたら、🖫（すべて保存）から保存してください。

Tips
変数addressesに設定された辞書は、①で作成したものと同じです。一から入力するのが面倒であれば、dict.pyからコピー&ペーストしても構いません。

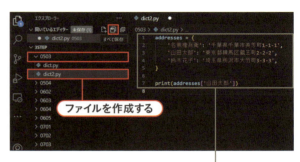

```
01: addresses = {
02:     '名無権兵衛': '千葉県千葉市美芳町1-1-1',
03:     '山田太郎': '東京都練馬区蔵王町2-2-2',
04:     '鈴木花子': '埼玉県所沢市大竹町3-3-3',
05: }
06:
07: print(addresses['山田太郎'])
```

4 コードを実行する

❷と同じようにdict2.pyを実行します。キー「山田太郎」の値が表示されることを確認してください。

```
PS C:\3step> & C:/Users/nami-/AppData/Local/Programs/Python/Python313/python.exe c:/3step/0503/dict2.py
東京都練馬区蔵王町2-2-2
```

表示された

5 辞書の値を更新／追加する

3と同じように、0503フォルダーに「dict3.py」という名前でファイルを作成します。エディターが開いたら、右のようにコードを入力します。キー「鈴木花子」の値を更新し❶、キー「田中次郎」の値を追加した後❷、最終的なリストの内容を表示します❸。
入力を終えたら、🖫(すべて保存)から保存してください。

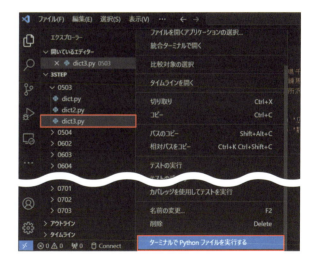

ファイルを作成する

```
01: addresses = {
02:     '名無権兵衛': '千葉県千葉市美芳町1-1-1',
03:     '山田太郎': '東京都練馬区蔵王町2-2-2',
04:     '鈴木花子': '埼玉県所沢市大竹町3-3-3',
05: }
06:
07: addresses['鈴木花子'] = '広島県福山市北町3-4'   ❶
08: addresses['田中次郎'] = '静岡県静岡市南町5-6'   ❷
09: print(addresses)   ❸
```

6 コードを実行する

2と同じようにdict3.pyを実行します。値が更新／追加されたリストの内容が表示されます。

表示された

```
PS C:\3step> & C:/Users/nami-/AppData/Local/Programs/Python/Python313/python.exe c:/3step/0503/dict3.py
{'名無権兵衛': '千葉県千葉市美芳町1-1-1', '山田太郎': '東京都練馬区蔵王町2-2-2', '鈴木花子': '広島県福山市北町3-4', '田中次郎': '静岡県静岡市南町5-6'}
```

5-3 キー／値の組みでデータを管理する 121

7 辞書から値を削除する

5と同じように、0503フォルダーに「dict4.py」という名前でファイルを作成します。エディターが開いたら、右のようにコードを入力します。キー「山田太郎」を削除し❶、すべてのキーを削除した後❷、辞書の中身を表示します❸。

入力を終えたら、🖫（すべて保存）から保存してください。

```
01: addresses = {
02:     '名無権兵衛': '千葉県千葉市美芳町1-1-1',
03:     '山田太郎': '東京都練馬区蔵王町2-2-2',
04:     '鈴木花子': '埼玉県所沢市大竹町3-3-3',
05: }
06:
07: print(addresses.pop('山田太郎'))   ❶
08: addresses.clear()                  ❷
09: print(addresses)                   ❸
```

8 コードを実行する

2と同じようにdict4.pyを実行します。削除されたキー「山田太郎」の値❶と、すべての値が削除された後の「{}」（空の辞書）❷が表示されます。

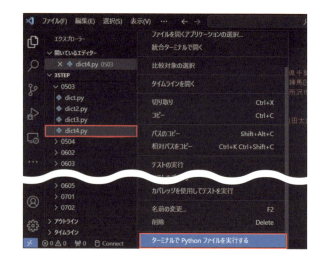

表示された

```
PS C:\3step> & C:/Users/nami-/AppData/Local/Programs/Python/Python313/python.exe c:/3step/0503/dict4.py
東京都練馬区蔵王町2-2-2    ❶
{}                       ❷
```

理解　辞書の基本を理解する

辞書を生成する

辞書を生成するには、「キー：値」の組みをカンマで区切って、それを並べた全体を{...}で括ります（体験❶）。

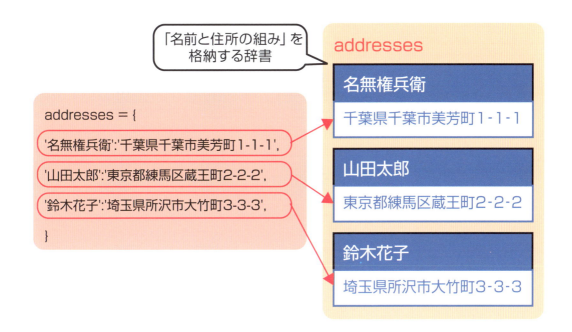

これで3個の「名前と住所の組み」を格納する辞書（名前はaddresses）が準備できたことになります。

辞書内の値にアクセスする

辞書内の値には、「変数名['キー']」の形式でアクセスできます。キーが文字列なので、クォートで括っている他は、リストと同じですね（体験❸）。

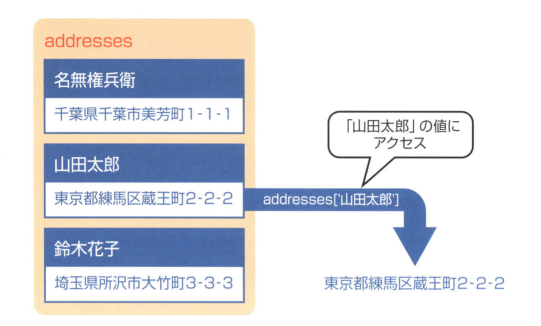

末尾の値のカンマは任意

辞書やリストの末尾の値のカンマはあってもなくても構いません。

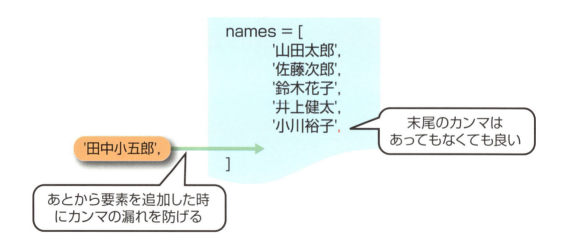

ただし、要素を改行区切りで列挙した場合、後から要素を追加する際にカンマを忘れることがよくあります。そこで要素を改行区切りで列挙した場合、末尾の値にもカンマを入れることがよくあります。本書でも、以降、その慣例にならうものとします。

| COLUMN | キーは文字列でなくても良い |

辞書のキーは必ずしも文字列でなくても構いません。たとえばあとで触れる日付／時刻値やタプルなどをキーとして利用することも可能です（ただし、リストやファイルなど、キーとして利用できないものもあります）。

辞書内の値を更新／追加する

辞書内の値を更新／追加するには、「変数名 [' キー '] = ' ... '」とします（**体験5**）。

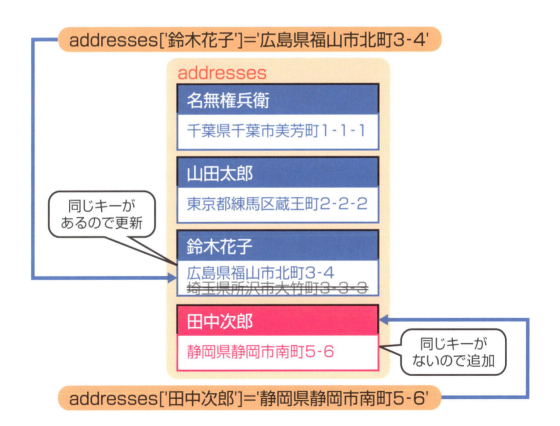

appendのようなメソッドは、辞書にはありません。キーを確認し、存在する場合は値を更新し、さもなければ新たなキーを追加するわけです。

辞書の中では、キーは常に一意（＝重複しない）なのです。

辞書内の値を削除する

辞書内の値を削除するには、リストと同じく、popメソッドを利用できます（体験7）。指定されたキーの値を取り出すとともに、辞書からは削除します。値を削除するだけのremoveメソッドは存在しません。

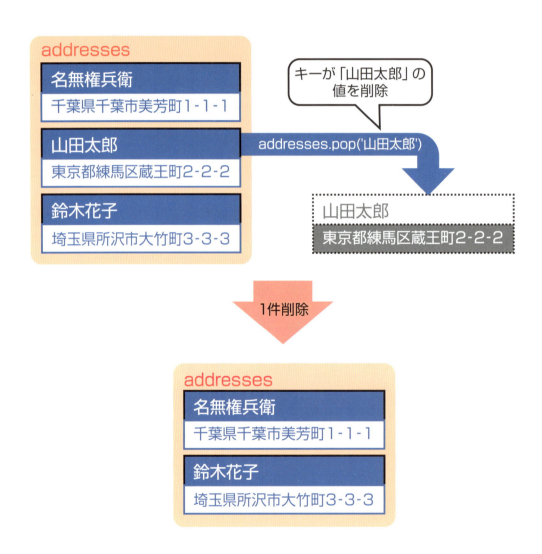

もしも辞書の中身を完全にクリアしたいならば、clearメソッドを利用します（体験7）。

COLUMN 変更できないリスト ── タプル

リストによく似た型として、タプル (tuple) という型もあります。タプルは、カンマで区切った値を(...)で括ることで作成します。

```
>>> my_tuple = (5, True, 'ポチ')          # タプルを生成
>>> my_tuple[2] = 'タマ'                  # 値の変更
Traceback (most recent call last):
  File "<python-input-2>", line 1, in <module>
    my_tuple[2] = 'タマ'
    ~~~~~~~~^^^
TypeError: 'tuple' object does not support item assignment
```

「タプル[添え字]」でアクセスできる点もリストそのままですが、異なるのは最初に作成したタプルを変更することはできないことです（「タプル[添え字] = ...」がエラーになっている点に注目です！）。よって、append（追加）、remove／pop（削除）などのメソッドも利用できません。

辞書のキーとして利用できるなど重要な役割もありますが、初学者のうちはあまりそうと意識して利用する機会はありません。まずは、リスト／辞書（余力があればセット）を優先して理解するよう努めてみてください。

まとめ

- ▶辞書を利用することで、「キーと値の組み」でリストを作成できる
- ▶辞書は、{ キー: 値, ... } の形式で作成できる
- ▶辞書内でキーは重複できない
- ▶辞書内の値には、「辞書名['キー']」でアクセスできる
- ▶辞書内の値を削除するにはpopメソッドを利用する

第5章 データ構造

④ 重複のない値セットを管理する

完成ファイル | 📁[0504] → 📄[set.py]、📄[set2.py]

予習 セットとは？

セット（集合）は、複数の値を束ねるための型です。
それだけ言ってしまうと、リストにも似ていますが、リストと異なり、順番を持ちません（つまり、何番目の要素を取り出す、といったことはできません）。
また、重複した値を許しません。重複した値を追加した場合には、これを無視します。

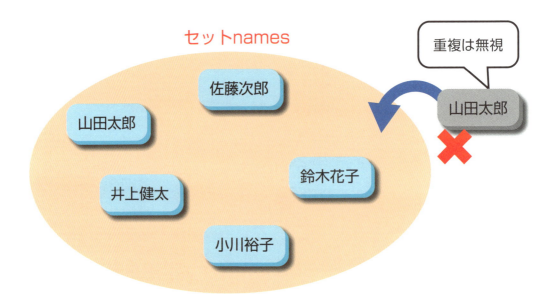

セットは、その性質上、特定の値を出し入れするというよりも、ある値が既に存在するかどうかをチェックしたい場合に利用します。リスト／辞書と比べると、使いどころを理解するのは難しいかもしれませんが、本格的にアプリを作成するようになると、よく利用しますので、ここではセットの特徴と用法を中心に理解していきます。

体験 セットを作成する

1 セットを作成する

P.59の手順に従って、0504フォルダーに「set.py」という名前でファイルを作成します。エディターが開いたら、右のようにコードを入力します。セットを新規に作成し❶、中に「鈴木花子」という値が入っているかを確認した後❷、全体をまとめて表示します❸。
入力を終えたら、🖫(すべて保存)から保存してください。

ファイルを作成する

```
01: names = {'山田太郎', '佐藤次郎', '鈴木花子', '井上健太', '小川裕子'}   ❶
02:
03: print('鈴木花子' in names)   ❷
04: print(names)   ❸
```

2 コードを実行する

[エクスプローラー]ペインからset.pyを右クリックし❶、表示されたコンテキストメニューから[ターミナルでPythonファイルを実行する]を選択します❷。ファイルが実行されて、セットの内容が表示されます。

> **Tips**
> セットは順番を持たないため、実行結果の表示順は、都度、異なります。

表示された
```
PS C:\3step> & C:/Users/nami-/AppData/Local/Programs/Python/Python313/python.exe c:/3step/0504/set.py
True
{'井上健太', '佐藤次郎', '小川裕子', '鈴木花子', '山田太郎'}
```

5-4 重複のない値セットを管理する 129

3 セットにアクセスする

❶と同じように、0504フォルダーに「set2.py」という名前でファイルを作成します。エディターが開いたら、右のようにコードを入力します。新たな値を追加し❶、既存の値を削除した後❷、セットの内容を表示します❸。
入力を終えたら、🖫（すべて保存）から保存してください。

> **Tips**
> 変数namesに設定されたセットは、❶で作成したものと同じです。一から入力するのが面倒であれば、set.pyからコピー＆ペーストしても構いません。

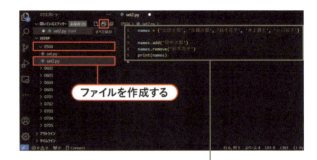

ファイルを作成する

```
01: names = {'山田太郎', '佐藤次郎', '鈴木花子', '井上健太', '小川裕子'}
02:
03: names.add('田中次郎')        ❶
04: names.remove('鈴木花子')     ❷
05: print(names)                 ❸
```

4 コードを実行する

❷と同じようにset2.pyを実行します。セットの内容が表示されることを確認しましょう。

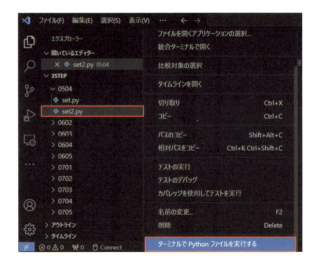

```
PS C:\3step> & C:/Users/nami-/AppData/Local/Programs/Python/Python313/python.exe c:/3step/0504/set2.py
{'井上健太', '佐藤次郎', '田中次郎', '山田太郎', '小川裕子'}
```

表示された

理解 セットの基本を理解する

セットを生成する

セットを生成するには、以下のような方法があります。

1 { 値, ... }で作成する

リストのように値をカンマで区切って、全体を{...}で括ります。ただし、この書き方では、空のセットは作成できません。「{}」とした場合、(空のセットではなく)空の辞書と見なされるからです。その場合は、2の方法を利用してください。

2 set関数で作成する

set関数にリスト、タプル、辞書などを渡すことで、セットを作成できます。空のセットを作成するには、「set()」のように、なにも渡さずにset関数だけを呼び出します。

```
names=['山田太郎', '佐藤次郎', '鈴木花子', '山田太郎']
```

リストnames

| 山田太郎 | 佐藤次郎 | 鈴木花子 | 山田太郎 |

セットに変換

set(names)

セットnames

山田太郎　鈴木花子　佐藤次郎

セットに変換されて重複していた「山田太郎」が1つだけになる

5-4 重複のない値セットを管理する　131

ちなみに、リストからセットに変換することで、リスト内の値の重複を除去することもできます。
辞書をset関数に渡した場合には、キーをもとにセットが生成されます。

セットに値が存在するかを確認する

セットは、添え字／キーで値にアクセスする手段を備えません。セットでできるのは、forという命令で値を列挙するか、in演算子で値の有無を判定するか、ということだけです（forについては、**7-2**で改めて解説します）。

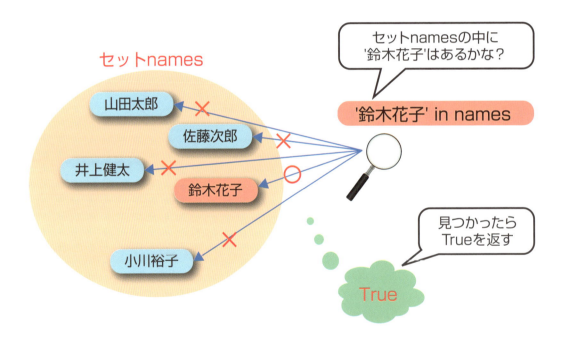

in演算子は、値が存在すればTrue（正しい）、さもなければFalseという値を返します（**体験❷**）。True／Falseという値については、改めて**6-1**でも触れます。

セットに値を追加／削除する

セットに値を追加するにはaddメソッドを、取り除くにはremoveメソッドを利用します。順番を持たないので、途中に挿入するinsertのようなメソッドはありません。セットの中身をすべて削除するには、clearメソッドを利用します。

なお、addメソッドで重複した値を追加した場合、セットはこれを無視します。

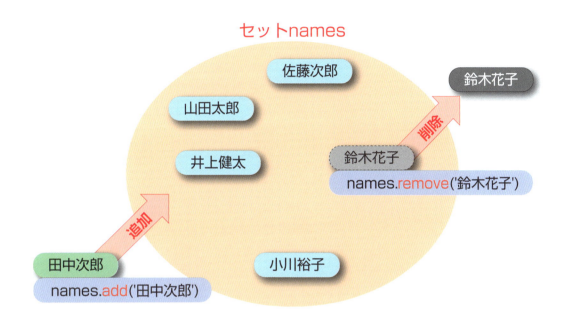

まとめ

▶ セットは、順番を持たず、重複のない値の集合である
▶ セットは{ 値,... }の形式、もしくはset関数によって作成できる
▶ セット内の値にはfor命令でアクセスできる（添え字によるアクセスはできない）
▶ in演算子を利用することで、セットの中にある要素が存在するかどうかを確認できる

第5章 練習問題

●問題1

以下は、Pythonで複数の値をまとめて管理するための型についてまとめた文章です。空欄を埋めて、文章を完成させてください。

　　① は、複数の値を順序立てて管理するための型です。 ① の中に格納した値を ② と言い、 ② にアクセスするには ③ をキーにします。
　　① によく似た型として ④ がありますが、こちらは最初に作成したら、その後、中身を変更できないという点が異なります。そのほかにも、キーと値の組み合わせで値を管理する ⑤ や、順序を持たない ⑥ のような型があります。

●問題2

以下の指示に従って、対応するコードを書いてみましょう。

1. 「あ、い、う、え、お」という値を含んだリストlist
2. 既存のリストlistの末尾に「いろは」という値を追加
3. キー、値がそれぞれ「flower、花」「animal、動物」「bird、鳥」である辞書dic
4. 辞書dicの中身を完全に破棄
5. 「あ、い、う、え、お」という値を含んだセットset

●問題3

以下は、リストを利用したコードです。最終的にできあがる変数namesの内容を答えてください。

```
# list.py

names = ['山田太郎', '佐藤次郎', '鈴木花子']
names.append('井上健太')
names.insert(2, '小川裕子')
data = names.pop(3)
names.remove('山田太郎')
```

条件分岐

- 6-1 ２つの値を比較する
- 6-2 条件に応じて処理を分岐する
- 6-3 より複雑な分岐を試す（1）
- 6-4 より複雑な分岐を試す（2）
- 6-5 複合的な条件を表す
- 6-6 複数の分岐を簡単に表す
- ◉第6章　練習問題

第6章 条件分岐

1 2つの値を比較する

完成ファイル | なし

予習 比較演算子とは？

異なる2つの値を比較するための記号（演算子）を **比較演算子** と言います。比較演算子を利用することで、値同士が等しいかどうか、大きいか／小さいかなどの関係を確認できます。

比較演算子は、これから学んでいく条件分岐、繰り返しといったしくみを利用するのに欠かせないので、まずはそれ単体で動作を確認しておきます。

体験 比較演算子を使う

1 Pythonシェルを起動する

ターミナルを起動して、コマンドライン上でpythonコマンドを実行します。macOSの場合は、ターミナルを起動し、python3コマンドを実行します。Pythonシェルが起動します。

```
PS C:\Users\nami-> python
Python 3.13.0 (tags/v3.13.0:60403a5, Oct  7 2024, 09:38:07) [MSC v.1941 64 bit (AMD64)] on win32
Type "help", "copyright", "credits" or "license" for more information.
>>>
```

2 値同士が等しいかどうかを比較する

数値、または文字列同士が等しいかどうかを比較してみます。右のようにコマンドを入力し❶、実行してください。

```
>>> 10 == 10
True
>>> 10 != 10
False
>>> 'あいう' == 'かきく'
False
```

❶ 入力する

6-1 2つの値を比較する　137

3 値同士の大小を比較する

数値、または文字列同士が大きいか／小さいかを比較してみます。右のようにコマンドを入力し❶、実行してください。

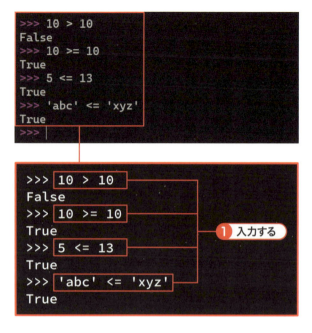

```
>>> 10 > 10
False
>>> 10 >= 10
True
>>> 5 <= 13
True
>>> 'abc' <= 'xyz'
True
>>>
```

❶ 入力する

4 リストを比較する

あらかじめリストを用意しておいて❶、これを比較演算子で比較します。右のようにコマンドを入力して、実行してください❷。

```
>>> data1 = [1, 2, 3]
>>> data2 = [1, 2, 3]
>>> data3 = [1, 2, 5]
>>> data4 = [1, 2, 2, 4]
>>> data1 == data2
True
>>> data1 == data4
False
>>> data1 < data3
True
>>> data1 > data4
True
>>>
```

5 文字列に部分文字列が含まれるかを確認する

文字列「あいうえお」に指定された部分文字列「うえ」が含まれているのかを確認します。右のようにコマンドを入力して❶、実行してください。

```
>>> 'うえ' in 'あいうえお'     ❶ 入力する
True
```

6 リスト／辞書にある要素が含まれるかを確認する

リストに値「青」が含まれるか❶、辞書にキー「blue」が含まれるか❷を、それぞれ確認します。右のようにコマンドを入力して、実行してください。

```
>>> data = ['赤', '黄', '青']        ❶
>>> '青' in data
True
>>> map = { 'red': '赤', 'yellow': '黄', 'blue': '青' }   ❷
>>> 'blue' in map
True
```

6-1 2つの値を比較する 139

理解 比較演算子でできること

比較演算子

Pythonの比較演算子には、以下のようなものがあります。

演算子	判定する内容	算数での記号
==	左辺と右辺が等しいか	=
!=	左辺と右辺が等しくないか	≠
<	左辺が右辺よりも小さいか	<
<=	左辺が右辺以下であるか	≦
>	左辺が右辺よりも大きいか	>
>=	左辺が右辺以上であるか	≧
in	左辺が右辺に含まれているか	なし

算数でも登場する等号／不等号なので、直観的に理解しやすいと思います。ただし、似ているために注意しなければならないのは、「==」です。
間違えて「=」にしないようにしてください。これまでの章でも見てきたように、「=」は「左辺の変数に右辺の値を代入する」ための演算子です。

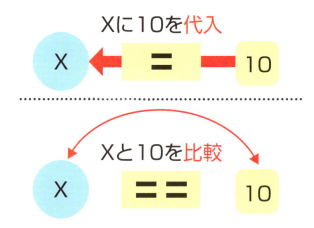

比較演算子はブール値を返す

比較演算子は、比較した結果をブール(bool)値として返します。ブール値とは、True（正しい）、False（正しくない）のいずれかだけを表す値です。真偽値とも呼ばれます。

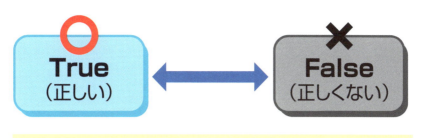

たとえば「10 == 10」であれば、確かに10と10とは等しいのでTrue（正しい）という値が返されます。比較の結果がTrue／Falseいずれであるかによって、Pythonはそのあと行うべき処理を切り替えられるのですが、これはまた次節のお話です。

比較演算子では文字列／リストも比較できる

比較演算子で比較できるのは数値ばかりではありません。文字列／リストの大小も比較できます。

1 文字列の場合

文字列の大小は、辞書順に比較されます。辞書では、「a」よりも「b」が後ろなので、「a < b」というわけです。「abc」と「abde」の場合には、「ab」までが同じで、3文字目の「c」と「d」で比較して、「c < d」なので、「abc < abde」となります。

6-1 2つの値を比較する 141

2 リストの場合

基本的には、文字列の比較と同じです。先頭から要素を比較していき、最初に異なる要素があった場合の、その大小でリスト全体の大小を決定します。

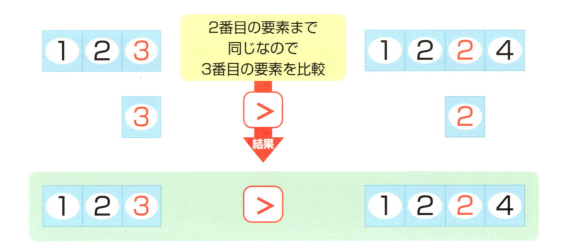

ある文字／要素が含まれているかを判定する

in演算子を利用することで、文字列にある部分文字列が含まれているかどうかを判定できます。5-4ではセットで同様の例を紹介しましたが、それと同じですね。

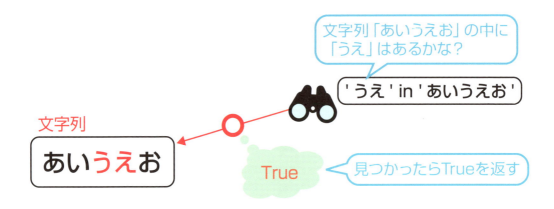

ちなみに、in演算子は、リスト／辞書でも利用できます。この場合は、それぞれ指定された要素／キーが元のリスト／辞書に存在するかどうか、という意味になります。

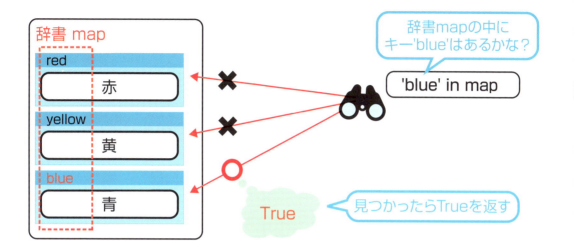

特に、辞書は存在しないキーにアクセスするとエラーになるので、個々の要素にアクセスする際にはin演算子であらかじめ存在を確認すべきです。

まとめ

- ▶比較演算子は、2つの値の大小などを比較する際に利用する
- ▶比較演算子は、比較の結果をTrue／False値で返す
- ▶文字列同士を比較した場合、辞書順に比較される
- ▶リスト同士を比較した場合、先頭の要素から順に比較される
- ▶in演算子を利用することで、文字列にある部分文字列が含まれているか、あるいは、リスト／辞書に要素／キーが含まれているかを判定できる

第6章 条件分岐

② 条件に応じて処理を分岐する

完成ファイル [0602] → [if.py]

予習 条件分岐とは？

これまでに作成したスクリプトは、先頭から順に実行していくのが基本でした。しかし、処理は一本筋ではありません。「●○だったら〜したい」「▲△であれば〜したい」と、なにかしらの条件によって処理（行動）も変化させたい場合があります。

人間の行動に喩えてみるとイメージしやすいかもしれません。朝自宅を出る時に「雨が降っていたならば傘を持って」行きます。そのような条件下では、雨が降っていなければ傘は持って行きません。これが **条件分岐** です。

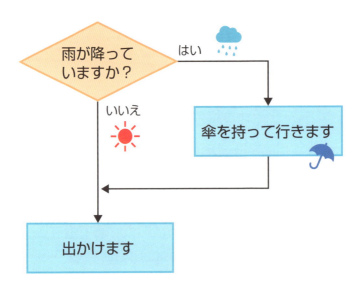

ここでは、条件分岐の例として、テストの点数を入力すると、合格ラインである70点を基準として、これを上回っていたら「おめでとう！合格です！」というメッセージを、さもなければ「残念…不合格……」というメッセージを表示するコードを作成します。

体験 if...else命令を使って条件分岐する

1 条件分岐のブロックを記述する

P.59の手順に従って、0602フォルダーに「if.py」という名前でファイルを作成します。
エディターが開いたら、右のようにコードを入力します。プロンプトからの入力を促した後❶、その値が70以上である場合にだけメッセージを表示します❷。
入力を終えたら、🖫 (すべて保存) から保存してください。

Tips
intは、文字列を整数に変換するための関数です。input関数の戻り値は文字列なので、int関数で数値に変換しないと、あとから正しく比較ができません。

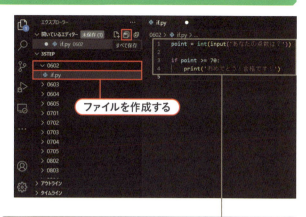

ファイルを作成する

```
01: point = int(input('あなたの点数は？'))
02:
03: if point >= 70:          ❶
04:     print('おめでとう！合格です！')  ❷
```

2 コードを実行する（メッセージが表示される場合）

[エクスプローラー] ペインからif.pyを右クリックし❶、表示されたコンテキストメニューから [ターミナルでPythonファイルを実行する] を選択します❷。ファイルが実行されて、テストの点数を訊かれるので、まずは70以上の値を入力して、Enterキーを押すと❸、メッセージが表示されることを確認してみましょう❹。

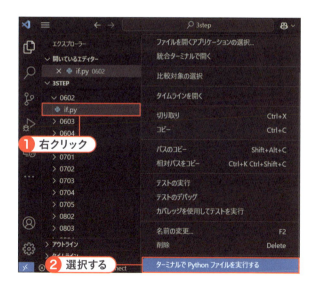

```
PS C:\3step> & C:/Users/nami-/AppData/Local/Programs/Python/
Python313/python.exe c:/3step/0602/if.py
あなたの点数は？ 75       ❸
おめでとう！合格です       ❹
```

6-2 条件に応じて処理を分岐する 145

3 コードを実行する（メッセージが表示されない場合）

2と同じようにif.pyを実行します。テストの点数を訊かれるので、70未満の値を入力してEnterキーを押すと❶、今度はメッセージが表示されずに、そのままサンプルが終了します❷。

Tips
ターミナル上で↑キーを1回押すと、1つ前に実行したコマンドが表示されます。同じコードを再度実行する場合は、その状態でEnterキーを押して実行しても構いません。

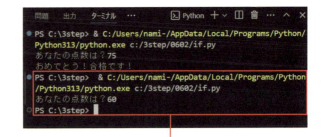

4 elseブロックを記述する

1で作成したコードに、右のようにコードを追加します❶。入力値（変数point）が70未満の場合にも表示するコードです。
入力を終えたら、🖫（すべて保存）から保存してください。

❶ 追加する

```
05: else:
06:     print('残念…不合格……')
```

5 コードを実行する

3と同じようにif.pyを実行します。テストの点数を訊かれるので、70未満の値を入力してEnterキーを押すと❶、メッセージが表示されることを確認してみましょう❷。

Tips
メッセージがなにも表示されなかった❸の時と、結果を比べてみましょう。

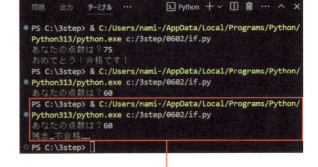

理解 if命令の基本を理解する

if命令の使い方

if命令は、以下のように利用します。

▼構文　if命令

```
if 条件式:
    条件式が正しい場合に実行する命令
```

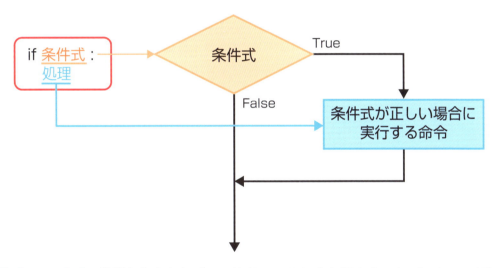

条件式とは、6-1で学習したようなブール値（True、False）を返す式です。「point >= 70」であれば、「変数pointが70以上である場合にTrueを返す」のでしたね。
if命令では、条件式がTrueである場合に、その直後のブロックを実行します。条件式の直後の「:」（コロン）は意外と忘れやすいので、抜けにも注意してください。

> **COLUMN　フローチャート**
>
> 上の図のように、プログラムの流れ（flow）を表した図（chart）のことを**フローチャート**と呼びます。通常のフローチャートでは、処理を長方形、分岐をひし形で表します。以降もよく登場するので、覚えておきましょう。

Pythonのブロック

<u>ブロック</u>とは、命令（文）の塊のことです。
ここで覚えておかなければならないのは、Pythonでは<u>ブロックをインデント（字下げ）によって表す</u>ということです。

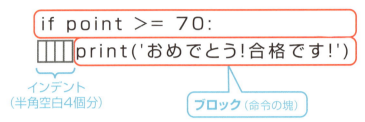

<u>体験</u>のコードではインデントされた命令（文）は1つですが、もちろん、複数の文をブロックに加えても構いません。
ブロックを抜けたら、インデントもなくして、元の位置に戻します。

インデントの表し方

インデントを表すには、☐（半角空白）を利用する方法と、[Tab]（タブ）を利用する方法とがあります。ただし、タブはエディターの設定によって見た目が変化する場合があります。
よって、インデントは原則として<u>半角空白4個</u>で表すのを基本としてください。タブもエラーとはなりませんが、お勧めはしません（ただし、同じブロックの中で半角空白とタブが混在するのはエラーです）。

条件式の範囲には要注意

条件式「score >= 70」は、70点ぴったり、もしくは70点より大きい場合にTrueとなります。対して、「score > 70」は70点より大きい場合にだけTrueとなります（70点ぴったりはFalseとなります）。
条件式を表す場合、こうした境い目の部分を入れるか入れないかを意識しておくことが大切です。

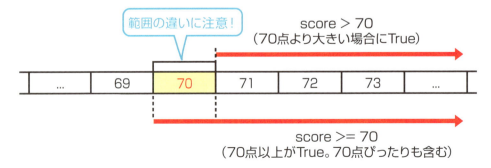

「さもなければ」を表す「else」

if命令では、elseを加えることで、「さもなければ●○しなさい」を表現することもできます。

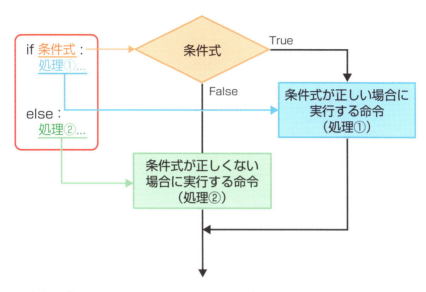

体験④では、条件式「point >= 70」がFalseだったら（＝点数が70点未満だったら）、else以降のブロックを実行しています。

ifブロックと同じく、elseブロックにも複数の文を列挙しても構いません。

COLUMN ifブロック、elseブロック

if直後のブロックを <u>ifブロック</u>、else以降のブロックを <u>elseブロック</u> と言います。これから後も、forブロック、whileブロックのような言い方が登場するので、言い方として押さえておきましょう。

まとめ

▶「もしも●○ならば××しなさい」は、if命令で表現できる
▶複数の文をまとめたものをブロックと呼ぶ
▶ブロックはインデント（字下げ）によって表現する
▶elseブロックで「さもなければ」を表現できる

第6章 条件分岐

3 より複雑な分岐を試す(1)

完成ファイル [0603] → [if.py]

予習 複数の条件式を組み合わせるelif

if...else命令では、「もしも○○であれば□□しなさい、さもなければ△△しなさい」と、1つの条件式によって処理を2つに分岐しました。

elifを加えることで、より複雑な分岐を表現することもできます。「もしも○○であれば□□を、●●であれば■■を実行し、そのいずれでもなければ△△しなさい」という表現です。

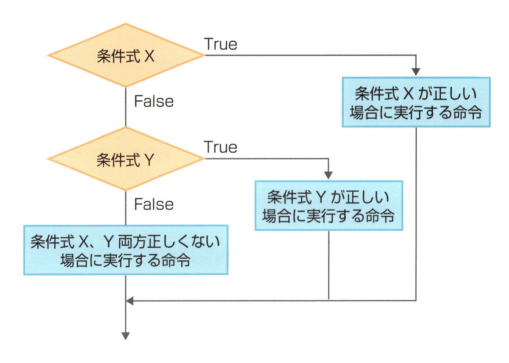

ここでは、**6-2**のサンプルを修正して、90点以上、70点以上、50点以上、それ未満で表示するメッセージを切り替えてみます。

150 第6章 条件分岐

elifで多分岐を表現する

1 ファイルをコピーする

VSCodeのエクスプローラーから0602フォルダーの「if.py」を右クリックし❶、表示されたコンテキストメニューから［コピー］を選択します❷。

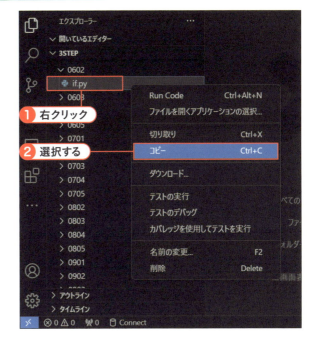

2 貼り付ける

0603フォルダーを右クリックし❶、表示されたコンテキストメニューから［貼り付け］を選択します❷。

6-3 より複雑な分岐を試す(1) 151

3 「90点以上の場合」を追加する

①でコピーしたファイルを開いて、右のように編集します。点数（変数point）が90以上の場合にメッセージを表示するコードを追加しています❶。
編集できたら、■（すべて保存）からファイルを保存してください。

```
01: point = int(input('あなたの点数は？'))
02:
03: if point >= 90:
04:     print('素晴らしい！文句なしの合格です！')     ❶
05: elif point >= 70:
06:     print('おめでとう！合格です！')
07: else:
08:     print('残念…不合格……')
```

4 コードを実行する

［エクスプローラー］ペインからif.pyを右クリックし❶、表示されたコンテキストメニューから［ターミナルでPythonファイルを実行する］を選択します❷。ファイルが実行されて、テストの点数を訊かれるので、まずは90以上の値を入力して、Enterキーを押すと❸、90点以上の時のメッセージが表示されることを確認してみましょう❹。
同様にサンプルを実行して、今度はテストの点数として70以上90未満の値を入力し、Enterキーを押します❺。すると、70点以上の時のメッセージが表示されます❻。

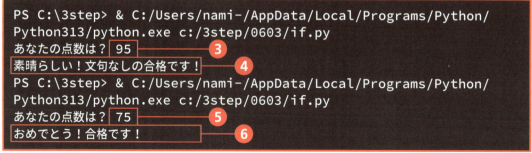

5 「50点以上の場合」を追加する

3で作成したコードを、右のように編集します。点数(変数point)が50以上の場合にメッセージを表示するコードを追加しています❶。
編集できたら、■(すべて保存)からファイルを保存してください。

```
01: point = int(input('あなたの点数は？'))
02:
03: if point >= 90:
04:     print('素晴らしい！文句なしの合格です！')
05: elif point >= 70:
06:     print('おめでとう！合格です！')
07: elif point >= 50:
08:     print('残念！もう少しでした……')
09: else:
10:     print('残念…不合格……')
```
❶

6 コードを実行する

2と同じようにif.pyを実行します。まずは90点、70点以上のメッセージがそれぞれ表示されることを確認します❶。更に、点数として50点以上70点未満の値を入力して、50点以上の時のメッセージが表示されることを確認します❷。

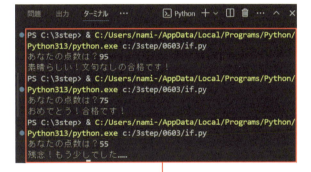

```
PS C:\3step> & C:/Users/nami-/AppData/Local/Programs/Python/
Python313/python.exe c:/3step/0603/if.py
あなたの点数は？ 95
素晴らしい！文句なしの合格です！
PS C:\3step> & C:/Users/nami-/AppData/Local/Programs/Python/
Python313/python.exe c:/3step/0603/if.py
あなたの点数は？ 75
おめでとう！合格です！
PS C:\3step> & C:/Users/nami-/AppData/Local/Programs/Python/
Python313/python.exe c:/3step/0603/if.py
あなたの点数は？ 55
残念！もう少しでした……
```
❶
❷

6-3 より複雑な分岐を試す(1)　153

理解 | elif命令の基本を理解する

elifで更に分岐する

elifを利用することで、if命令で3個以上の分岐を表現できます。elifは「elseif」や「else if」ではないので、綴りにも注意してください。

[構文] if...elif命令

```
if  条件式1：
        条件式1がTrueの場合に実行する命令（群）
elif  条件式2：
        条件式2がTrueの場合に実行する命令（群）
        …
else：
        すべての条件式がFalseの場合に実行する命令（群）
```

elifブロックは、分岐の数だけ列記できます（体験3、5）。体験ではelseまで含めて4個の分岐を作成していますが、同じように5個以上の分岐を作成することも可能です。

実行されるブロックは1つだけ

体験4の結果を見て、あるいは疑問に感じた人もいるかもしれません。変数pointが95であれば、「point >= 90」はもちろん、「point >= 70」もTrueとなるので、「素晴らしい！文句なしの合格です！」「おめでとう！合格です！」ともに表示されるのではないだろうか、と。

しかし、もちろん、体験4は正しい結果です。というのも、if...elif命令では、複数の条件がTrueとなる場合にも、実行されるのは最初のブロックだけであるからです。

154　第6章　条件分岐

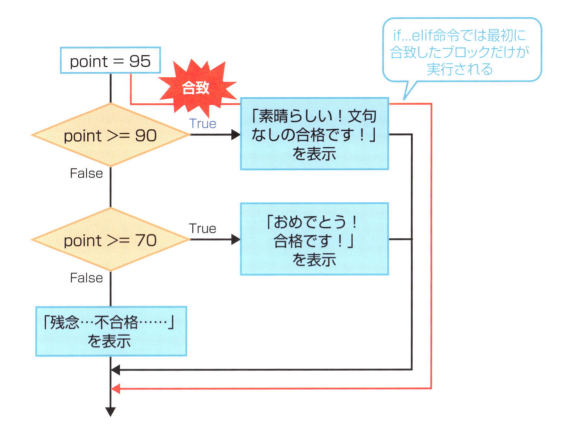

体験❸のコードであれば、最初の条件式「point >= 90」に合致して、配下のブロックが実行されているので、2番目以降のブロックは実行されません（条件式が判定されることすらありません）。

elifブロックで、範囲を表す条件式（「<」「<=」「>=」「>」などの演算子を利用している条件式です）を列挙する場合には、範囲の狭い方を先に記述します。

▶ elifを利用すれば、複数の条件を列記して多分岐を表現できる
▶ 複数のelif（条件式）が合致しても、実行されるのは最初のブロックだけである
▶ 範囲のある条件式を列挙する場合は、範囲の狭い方を先に記述する

より複雑な分岐を試す (2)

第6章 条件分岐

完成ファイル [0604] → [nest.py]

予習 if命令の入れ子とは？

if ／ elif ／ else ブロックの中に、更に if 命令を記述することもできます。これを if 命令の **入れ子（ネスト）** と言います。if 命令を入れ子にすることで、より複雑な分岐も表現できるようになります。

たとえば以下の図の例であれば、まず、晴れか雨かで処理を分岐しています。更に、雨の場合には、自転車で移動するかどうかによって「傘を持っていく」のか「合羽を着るのか」を分岐します。このような2個の分岐を、入れ子によって表現できます。

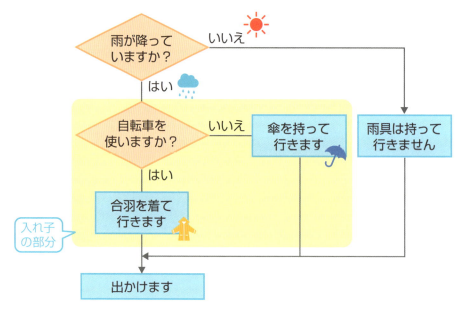

本節では、テストの点数を入力すると、合格ラインである70点を基準として、これを上回っていたら「合格」、下回っていたら「不合格」とします。ただし、不合格の場合も、50点以上かどうかを判定して、追加でメッセージを表示します。

体験 if命令を入れ子に配置する

1 条件分岐のブロックを記述する

P.59の手順に従って、0604フォルダーに「nest.py」という名前でファイルを作成します。エディターが開いたら、右のようにコードを入力します。プロンプトからの入力を促した後❶、その値が70以上であるかどうかによってメッセージを振り分けます❷。
入力を終えたら、■（すべて保存）から保存してください。

```
01: point = int(input('あなたの点数は？'))  ❶
02:
03: if point >= 70:
04:     print('合格です！')
05: else:                                   ❷
06:     print('残念…不合格……')
```

2 コードを実行する

[エクスプローラー] ペインからnest.pyを右クリックし❶、表示されたコンテキストメニューから[ターミナルでPythonファイルを実行する]を選択します❷。ファイルが実行されて、テストの点数を訊かれるので、まずは70未満の値を入力して、[Enter]キーを押すと❸、不合格メッセージが表示されることを確認してみましょう❹。

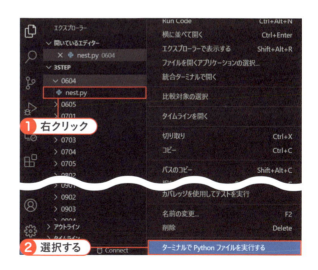

```
PS C:\3step> & C:/Users/nami-/AppData/Local/Programs/Python/Python313/python.exe c:/3step/0604/nest.py
あなたの点数は？ 60   ❸
残念…不合格……    ❹
```

6-4 より複雑な分岐を試す(2) 157

3 入れ子のif命令を追加する

1で作成したコードを、右のように編集します。入力値（変数point）が70未満の場合、更に入力値が50以上かどうかを判定し、追加メッセージを表示します**1**。
編集できたら、■（すべて保存）からファイルを保存してください。

```python
01: point = int(input('あなたの点数は？'))
02:
03: if point >= 70:
04:     print('合格です！')
05: else:
06:     print('残念…不合格……')
07:     if point >= 50:
08:         print('でも、あともう少しですよ……')
09:     else:
10:         print('もっと頑張りましょう！')
```

4 コードを実行する

2と同じようにnest.pyを実行します。まずは「60」と入力して Enter キーを押すと、不合格メッセージに加えて、50点以上の時のメッセージが追加表示されることを確認してみましょう**1**。
同様にサンプルを実行して、今度はテストの点数として「40」を入力し、 Enter キーを押します。すると、50点未満の時のメッセージが追加表示されます**2**。

```
PS C:\3step> & C:/Users/nami-/AppData/Local/Programs/Python/
Python313/python.exe c:/3step/0604/nest.py
あなたの点数は？60
残念…不合格……
でも、あともう少しですよ……
PS C:\3step> & C:/Users/nami-/AppData/Local/Programs/Python/
Python313/python.exe c:/3step/0604/nest.py
あなたの点数は？40
残念…不合格……
もっと頑張りましょう！
PS C:\3step>
```

理解 if命令を入れ子にする方法を理解する

if／elseブロック命令を入れ子にする

6-2でも触れたように、Pythonではブロックをインデント（字下げ）で表現するのでした。ということは、ブロックを入れ子にするには、インデントの中で更にインデントすれば良いということになります。

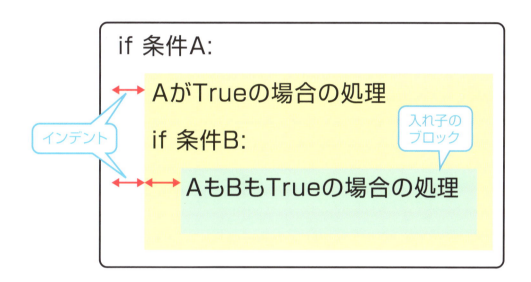

ここではelseブロック配下の入れ子を解説していますが、if／elifブロックを入れ子にしても構いませんし、この後出てくるfor／whileなどのブロックでも入れ子は可能です。また、ifとfor、whileのように異なるブロック同士を入れ子にしても構いません。具体的な例は、それぞれ関連する節を参照してください。

> **COLUMN 入れ子の入れ子も可**
>
> 入れ子になったifブロックに、また入れ子でifブロックを置くこともできます。入れ子の階層に制限はありませんが、階層が深くなれば、それだけコードも読みにくくなるので、一般的には2～3階層に留めることをお勧めします。

6-4 より複雑な分岐を試す(2)　159

入れ子ではインデントの戻しに注意

ブロックを入れ子にした場合、インデントをどこまで戻すのかにも注意してください。外側のifブロックに続けて、コードを書きたい場合、図（左）のようにしてはいけません。

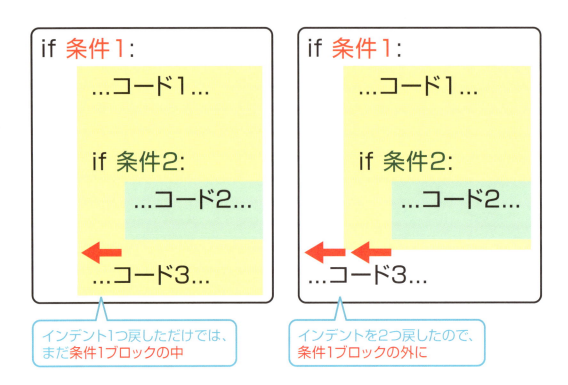

インデントが条件2のifブロックと同じなので、コード3は条件1のifブロックの一部と見なされてしまうからです。入れ子になったブロックを完全に抜けるには、インデントも外側のifの位置まで戻さなければいけません（図・右）。

COLUMN　インデントを利用することで

インデントでブロックを表すことで、ブロックの範囲が視覚的にも明確になります。
たとえば、JavaScriptのような言語では、ブロックは{...}で表現します。慣例的に、ブロックの中にはインデントを付けますが、付けなくても間違いではありません。

JavaScriptの場合

```
if(point >= 70) {
alert('おめでとう!');
alert('合格です!');
}
```

ブロック開始

インデントはあってもなくても良い

ブロック終了

インデントはあくまで読みやすさのためなので、付けるか付けないかは開発者に委ねられているわけですね。しかし、Pythonでは文法の一部としてインデントを強制されます。そのため、文法を守ることで、自然と読みやすいコードを表せるのです。

まとめ

- ▶ifブロックの中にifブロックを含めることを「入れ子にする」と言う
- ▶入れ子は、ifだけでなく、while／forなどのブロックでも可能
- ▶ブロックを入れ子にした場合、ブロックを抜けた時のインデント位置に注意

6-4　より複雑な分岐を試す(2)

第6章 条件分岐

5 複合的な条件を表す

完成ファイル [0605] → [logic.py]

予習 条件式を組み合わせる論理演算子

より複雑な条件分岐を表現するには、ifブロックそのものを入れ子にするばかりではありません。<u>論理演算子</u>というしくみを利用することで、条件式そのものを組み合わせて、より複雑な条件式を表現することもできます。

たとえば「雨が降っていて、自転車で移動するならば」のような条件も、論理演算子を利用すれば、1つの式にまとめられます。

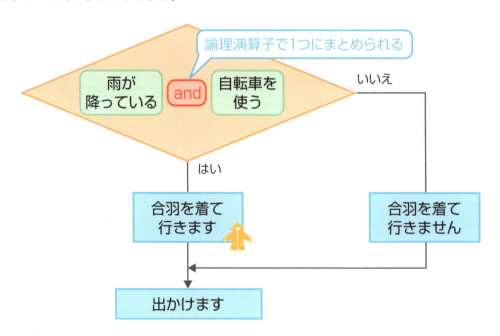

本節では、国語／算数のテストの点数を入力すると、両方が70点以上であれば「合格です！」、片方だけが70点以上の場合には「あと少し！苦手を克服しましょう！」、両方とも70点未満の場合には「残念…不合格……」というメッセージを表示します。

体験 論理演算子で複合的な条件式を表現する

1 条件分岐のブロックを記述する

P.59の手順に従って、0605フォルダーに「logic.py」という名前でファイルを作成します。エディターが開いたら、右のようにコードを入力します。プロンプトから国語／算数の点数を入力させた後❶、両方の値が70以上であるかどうかによってメッセージを振り分けます❷。

入力を終えたら、 (すべて保存) から保存してください。

```
01: ja = int(input('国語の点数は？'))
02: ma = int(input('算数の点数は？'))
03:
04: if ja >= 70 and ma >= 70:
05:     print('合格です！')
06: else:
07:     print('残念…不合格……')
```

2 国語／算数いずれかが70点未満である場合のコードを追加する

❶で作成したコードを、右のように編集します。国語／算数のコードのいずれかが70点未満の場合の分岐を追加します❶。

編集できたら、 (すべて保存) からファイルを保存してください。

```
04: if ja >= 70 and ma >= 70:
05:     print('合格です！')
06: elif ja >= 70 or ma >= 70:
07:     print('あと少し！苦手を克服しましょう！')
08: else:
09:     print('残念…不合格……')
```

6-5 複合的な条件を表す 163

3 コードを実行する

［エクスプローラー］ペインからlogic.pyを右クリックし❶、表示されたコンテキストメニューから［ターミナルでPythonファイルを実行する］を選択します❷。ファイルが実行されて、国語／算数の点数を訊かれるので、まずは両方とも70以上の値を入力し、Enterキーを押すと❸、合格メッセージが表示されることを確認してみましょう❹。

続いて、「国語、算数のどちらかが70点未満」❺、「国語／算数ともに70点未満」❻の場合にメッセージがそれぞれ変化することも確認してください。

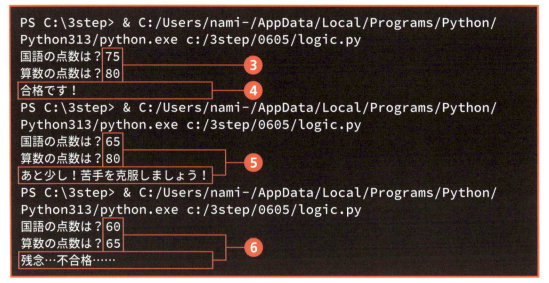

理解 論理演算子を理解する

論理演算子とは？

論理演算子とは、True／Falseを返す式（条件式）を連結するための演算子です。たとえば、体験❶の例であれば、条件式「ja >= 70」（＝変数jaが70以上である）と条件式「ma >= 70」（＝変数maが70以上である）を、論理演算子andで連結することで、「変数jaが70以上であり、しかも、変数maが70以上である」という条件を表現しています。

「しかも」は、「かつ」と言い換えても良いかもしれません（日本語の表現として、どちらがわかりやすいかだけです）。

上のような条件式では、「ja >= 70」「ma >= 70」が両方ともTrueの場合にだけ、全体としてTrueを返します。

入れ子でも表現できる

論理演算子を使った条件分岐は、6-4で触れたif命令の入れ子でも表現できます。たとえば以下のコードは、いずれも同じ意味です。

```
if ja >= 70 and ma >= 70:
    print('合格です！')

if ja >= 70:
    ■  ←❶
    if ma >= 70:
        print('合格です！')
    ■  ←❷
```

6-5 複合的な条件を表す 165

ただし、入れ子が深くもなればコードは読みにくくなります。このような例であれば、よりシンプルに表現できる論理演算子を利用すべきです。

> **COLUMN　入れ子を利用する場合**
>
> 入れ子を利用しなければならないのは、上の❶❷になにかしらのコードが入る場合、です。言い換えれば、「ja >= 70」がTrueの場合にだけ行うべき処理があるならば入れ子にする、ということです。ブロックの配下にブロックしかない場合には、まずは条件式の見直しを検討してください。

「または」を表す演算子

「●○、かつ■□」（and条件）に対して、「●○、または■□」という条件をor条件と言います。どちらか一方がTrueの場合に、条件式全体がTrueと見なされます。

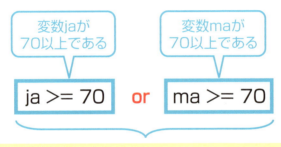

体験であれば❷のコードです。条件式「ja >= 70」と「ma >= 70」を論理演算子orで連結することで、「変数jaが70以上であるか、または変数maが70以上であるか」という条件を表しています。

変数ja／maの両方が70点未満ではそもそも合致しませんし、体験❷の例であれば、変数ja／ma両方が70点以上の場合は直前の条件式「ja >= 70 and ma >= 70」で取り除かれています。そのため、結果として、変数ja／maの片方だけが70点以上の場合に合致することになります。

論理演算子のルール

and／orを理解したところで、それぞれのルールをまとめておきます。

左式	右式	and	or
True	True	True	True
True	False	False	True
False	True	False	True
False	False	False	False

また、これらの規則はベン図（集合図）で表すこともできます。andがお互いに重なっている部分だけ、orがいずれかの領域を表す、という関係を視覚的に確認してみましょう。

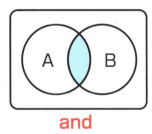
and

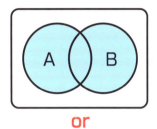
or

COLUMN　もう1つの論理演算子 - not

体験では紹介できませんでしたが、論理演算子にはもう1つ、notという演算子があります。notは、ある式（変数）がTrueであればFalseに、FalseであればTrueに反転させる役割を持ちます。

```
flag = True
print(not flag)  # 結果：False
```

この例であれば、変数flagがTrueなので、not演算子を通した結果はFalseとなります。

まとめ

▶複数の条件式を組み合わせるには、論理演算子を使う
▶and演算子は、左右の条件式が両方ともTrueである場合にのみ全体をTrueとする
▶or演算子は、左右の条件式の少なくても片方がTrueである場合に全体をTrueとする

第6章 条件分岐

複数の分岐を簡単に表す

完成ファイル　[0606] → [match.py]

予習 複数分岐を表現するmatch命令

ここまで見てきたように、if命令を使うことで、シンプルな条件分岐から複雑な条件分岐までを自在に表現できます。しかし、「season（季節）が春だったら〜、夏だったら〜、秋だったら〜、冬だったら〜」といった分岐をif命令で表現したら、どうでしょう？

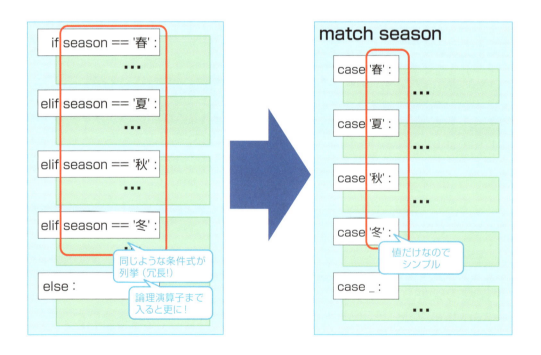

「season == 'xxxx'」のような条件式を何度も記述しなければならないのは、意外と面倒です。そこでPython 3.10では複数分岐に特化したmatch...case命令が新たに追加されました。match...case命令を利用することで、よりシンプルに多岐分岐を表現できます。

体験 match命令で条件分岐する

1 条件分岐のブロックを記述する

P.59の手順に従って、0606フォルダーに「match.py」という名前でファイルを作成します。エディターが開いたら、右のようにコードを入力します。プロンプトから季節を入力させた後❶、その値に応じてメッセージを表示します❷。入力を終えたら、🖫(すべて保存)から保存してください。

```
01: season = input('今の季節は？')
02:
03: match season:
04:     case '春':
05:         print('みんなで花見に行きましょう！')
06:     case '夏':
07:         print('今度の休みはぜひ海に')
08:     case '秋':
09:         print('秋の夜長は読書ですね')
10:     case '冬':
11:         print('家族でスキー旅行もいいですね')
12:     case _:
13:         print('季節は春夏秋冬のどれかを入力してください')
```

2 コードを実行する(春の場合)

[エクスプローラー]ペインからmatch.pyを右クリックし、表示されたコンテキストメニューから[ターミナルでPythonファイルを実行する]を選択します。ファイルが実行されて、現在の季節を訊かれるので、まずは「春」と入力して Enter キーを押し❶、メッセージが表示されることを確認してみましょう❷。

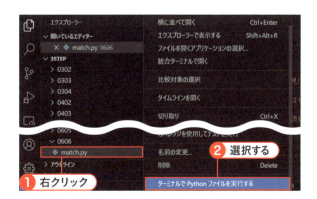

```
PS C:\3step> & C:/Users/nami-/AppData/Local/Programs/Python/Python313/python.exe c:/3step/0606/match.py
今の季節は？春
みんなで花見に行きましょう！
```

6-6 複数の分岐を簡単に表す　169

3 コードを実行する（夏、その他の場合）

❷同様にサンプルを実行して、今度は「夏」と入力し、Enterキーを押します❶。すると、「夏」の場合のメッセージが表示されます❷。
更に、サンプルを実行して、今度は「spring」と入力し、Enterキーを押します❸。すると、春夏秋冬どれでもない場合のメッセージが表示されます❹。

```
PS C:\3step> & C:/Users/nami-/AppData/Local/Programs/Python/
Python313/python.exe c:/3step/0606/match.py
今の季節は？夏                          ──❶
今度の休みはぜひ海に                    ──❷
PS C:\3step> & C:/Users/nami-/AppData/Local/Programs/Python/
Python313/python.exe c:/3step/0606/match.py
今の季節は？spring                      ──❸
季節は春夏秋冬のどれかを入力してください  ──❹
```

4 季節の英語名を追加する

❶で作成したコードを、右のように編集します。春夏秋冬だけでなく、英語名にも反応できるように、コードを編集しています（❶～❹）。
編集できたら、（すべて保存）から保存してください。

```
01: season = input('今の季節は？')
02:
03: match season:
04:     case '春' | 'spring':          ──❶
05:         print('みんなで花見に行きましょう！')
06:     case '夏' | 'summer':          ──❷
07:         print('今度の休みはぜひ海に')
08:     case '秋' | 'autumn' | 'fall': ──❸
09:         print('秋の夜長は読書ですね')
10:     case '冬' | 'winter':          ──❹
11:         print('家族でスキー旅行もいいですね')
12:     case _:
13:         print('季節は春夏秋冬のどれかを入力してください')
```

170　第6章 条件分岐

5 コードを実行する

2同様にサンプルを実行して、今度は「spring」と入力し、Enterキーを押します❶。すると、「spring」の場合のメッセージが表示されます❷。

```
PS C:\3step> & C:/Users/nami-/AppData/Local/Programs/Python/
Python313/python.exe c:/3step/0606/match.py
今の季節は？spring    ❶
みんなで花見に行きましょう！    ❷
```

COLUMN　Pythonをより深く学ぶための参考書籍

本書は、はじめてのプログラムをPythonで学ぶ人のための書籍です。あくまで基礎的な話題に絞って解説を進めているので、本書を終えた後は「もっと本格的に、実践的な学習を！」と思う人もいるかもしれません。そんな人には、以下のような書籍をお勧めします。

●速習Django3（Amazon Kindle）
https://wings.msn.to/index.php/-/A-03/WGS-PYF-001/
Pythonの代表的なWebアプリフレームワークDjangoの基本を紹介する書籍。具体的なアプリを作りながら、Pythonの理解を深めたいという人にお勧めです。

●Pythonでできる! 株価データ分析（森北出版）
Pythonを使って株価分析を進める書籍。本書でも登場するGoogle Colabolatoryをはじめ、NumPy、Pandasなど代表的なライブラリもまとめて学べます。

●独習Python（翔泳社）
Pythonの文法、基本ライブラリをより深く学ぶための書籍です。上記の書籍を読んで、Pythonそのものの理解が不足しているなと思ったら、本書で再入門してみましょう。

理解 match命令の基本を理解する

match命令の使い方

match命令は、以下のように利用します。

▼構文　match命令
```
match 式:
    case 値1:
        変数が値1である場合に実行する命令
    case 値2:
        変数が値2である場合に実行する命令
    ...
    case _:
        変数が値1、2...いずれでもない場合に実行する命令
```

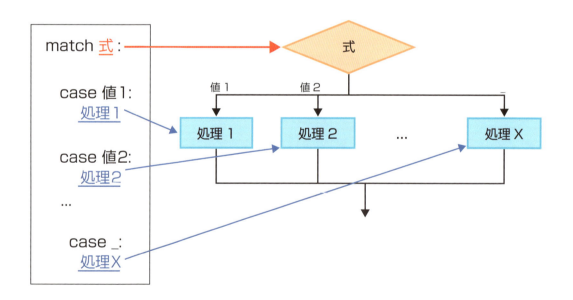

3-3でも触れた「文」に対して、「式」とはなにかしらの値を持つ存在です。たとえばこれまで何度も触れてきた変数やリテラルも式ですし、これらを演算／処理した結果も式です。

match命令では、与えられた「式」とcaseの直後の「値（値1、2...）」とを比較し、最初に合致したものを実行します。「_」（アンダースコア）はすべての値を表す特別な値で、matchブロックの最後に書くことで「値1、2...いずれでもない場合」に実行する命令を表現できます（if命令のelseですね！）。

複数の値も列挙できる

体験❹のように、caseブロックには「|」（パイプ）区切りで複数の値を列挙できます（カンマではないので間違えないように！）。6-5でも触れたようなor条件です。

> **COLUMN　構造化パターンマッチング**
>
> match命令の先頭で指定しているのは、より正確には（式ではなく）「パターン」です。パターンを用いることで、単なる「==」比較だけでなく、型の判定、リスト／辞書などの構造化データとの部分比較（＋部分的な値の取り出し）など、より複雑な処理を簡潔なコードで表現できるようになります。その性質上、match...case命令による分岐のしくみを、**構造的パターンマッチング**とも言います。

まとめ

▶式の値に応じて処理を分岐するにはmatch...case命令を利用する
▶「case _:」で、すべての値に合致しない場合の処理を指定できる
▶caseブロックには「|」区切りで複数の値を列挙できる

第6章 練習問題

●問題1

以下は、テストの点数がそれぞれ90点以上、70〜89点、50〜69点、50点未満の場合に、ランク甲、乙、丙、丁までを表示するためのコードです。空欄を埋めて、コードを完成させてください。

```python
# rank.py

point = [ ① ] ( [ ② ] ('テストの点数を入力してください。'))
[ ③ ]  point >= 90:
    print('甲')
[ ④ ] [ ⑤ ]:
    print('乙')
[ ④ ] [ ⑥ ]:
    print('丙')
[ ⑦ ]:
    print('丁')
```

●問題2

右は、変数answer1、answer2の値がそれぞれ1、5であるかを確認し、「両方が正解」、「解答1だけが正解」「解答2だけが正解」「両方が不正解」というメッセージを表示するコードですが、誤りが4か所あります。誤りを正して、意図したように動作するようにしてみましょう。

```python
# answer.py

answer1 = input('解答1の値は？')
answer2 = input('解答2の値は？')

if answer1 == 1 or answer2 == 5:
    print('両方が正解')
else:
    if answer1 == 1:
        print('解答1だけが正解')
elif answer2 == 5:
    print('解答2だけが正解')
else:
    print('両方が不正解')
```

174　第6章 条件分岐

繰り返し処理

7-1 条件を満たしている間だけ処理を繰り返す

7-2 リストや辞書から順に値を取り出す

7-3 指定された回数だけ処理を繰り返す

7-4 強制的にループを中断する

7-5 ループの現在の周回をスキップする

◉第7章　練習問題

第 7 章 繰り返し処理

 条件を満たしている間だけ処理を繰り返す

完成ファイル　　[0701] → [while.py]

予習　ループとは？

プログラムでは、同じことを繰り返し実行したいという状況があります。たとえば、決められた文字列を10回表示したい、とします。この時、これまでの知識からいけば、print関数を10回書かなければなりません。

しかし、これは不便です（そもそも10回であればまだしも、1000回、1000行、print関数を繰り返すのは苦行です）。そこで登場するのが**ループ**（**繰り返し**）なのです。

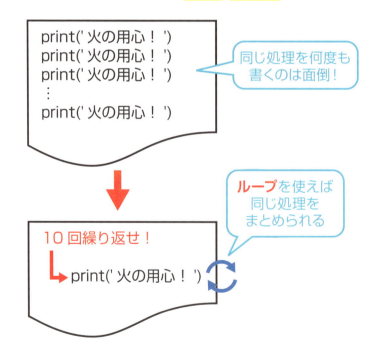

ループを利用することで、ある決められた処理を繰り返し実行できます。条件分岐と並んで、プログラムを書き進めるのに欠かせない、重要な制御構文の1つです。

体験 ループで同じ命令を繰り返し実行する

1 ループのためのブロックを記述する

P.59の手順に従って、0701フォルダーに「while.py」という名前でファイルを作成します。
エディターが開いたら、右のようにコードを入力します。変数numが10未満である間だけ、「ヒツジが●○匹...」というメッセージを表示します❶。
入力を終えたら、🖫（すべて保存）から保存してください。

```
01: num = 1
02:
03: while num < 10:
04:     print('ヒツジが', num, '匹...')
05:     num += 1
```

2 コードを実行する

[エクスプローラー]ペインからwhile.pyを右クリックし❶、表示されたコンテキストメニューから[ターミナルでPythonファイルを実行する]を選択します❷。ファイルが実行されて、メッセージが9回表示されることを確認してみましょう。

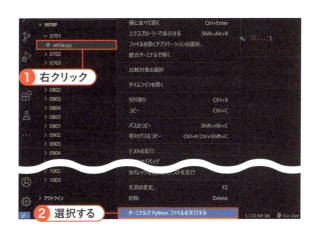

```
PS C:\3step> & C:/Users/nami-/AppData/Local/Programs/
Python/Python313/python.exe c:/3step/0701/while.py
ヒツジが 1 匹...
ヒツジが 2 匹...
ヒツジが 3 匹...
ヒツジが 4 匹...
ヒツジが 5 匹...
ヒツジが 6 匹...
ヒツジが 7 匹...
ヒツジが 8 匹...
ヒツジが 9 匹...
```

表示された

7-1　条件を満たしている間だけ処理を繰り返す

理解 ループの基本を理解する

while命令の使い方

while命令は、以下のように利用します。

▼構文　while命令
```
while 条件式:
    条件式が正しい場合に実行する命令
```

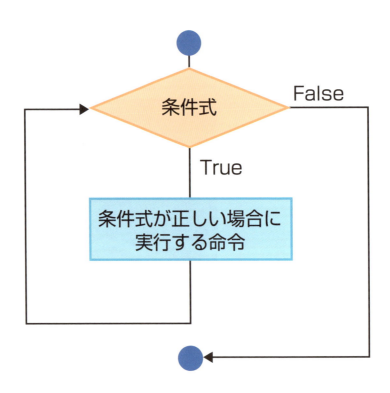

while命令は、ブロックで定義された命令を繰り返し実行します。ただし、ただ繰り返すだけでは、永遠にプログラムが終わらなくなってしまいます。
そこで、ループを終了する条件を表すのが**条件式**です。体験❶の例であれば、「num < 10」とあるので「変数numが10未満である間だけ」命令を繰り返し実行します。言い換えれば、「変数numが10以上になったら」ループを終了します。

複合代入演算子

「+=」のように、代入とその他の演算を組み合わせた演算子のことを**複合代入演算子**と言います。たとえば「num += 1」は「num = num + 1」と同じ意味で、「変数numに1を加える」と「その結果を変数numに代入する」という処理を組み合わせています。

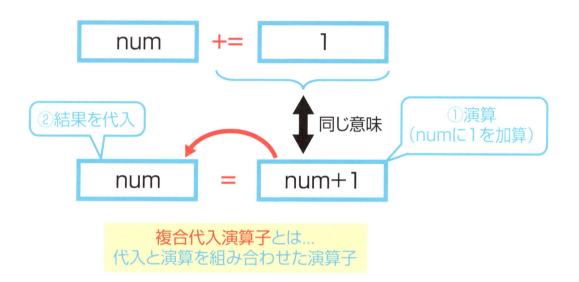

「+=」と同じく、「-=」「*=」「/=」などの演算子もあります（たとえば「num -= 2」であれば「num = num - 2」と同じ意味です）。
同じ変数に対して、値を足しこんでいく（引いていく）ような用途でよく利用するので、覚えておくと良いでしょう。

=== まとめ ===

▶ while命令は、条件式がTrueの間だけ処理を繰り返す
▶ 複合代入演算子を使うことで、代入とその他の演算をまとめて表現できる

第7章 繰り返し処理

② リストや辞書から順に値を取り出す

完成ファイル │ [0702] → [for.py] → [for_dic.py]

予習 リスト／辞書とループ

ループと一緒によく利用するのが、リスト／辞書です。5-1や5-3でも触れたように、リスト／辞書は関連する値を1つにまとめるためのデータ型です。1つにまとめたことで、Pythonにも「リストの中身を全部見せて」「辞書をすべて処理して」など、「まとめて●○してほしい」という指示が可能になります。

そして、「リスト／辞書から個々の要素を順番に取り出す」ための専用構文がfor命令です。本節では、リスト／辞書それぞれについて、for命令で配下の要素を順番に取り出してみます。

体験 リスト／辞書から順に値を取り出す

1 リストを準備する

P.59の手順に従って、0702フォルダーに「for.py」という名前でファイルを作成します。
エディターが開いたら、右のようにコードを入力します。文字列のリストを定義するコードです❶。

入力を終えたら、🖫（すべて保存）から保存してください。

> **Tips**
> 個々の要素が長い場合には、適宜、途中に改行を加えることをお勧めします。その場合、2行目以降の要素にはインデントを付け、桁位置を揃えます。

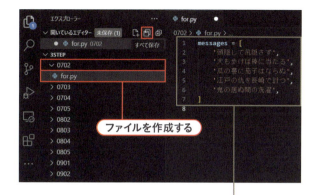

```
01: messages = [
02:     '頭隠して尻隠さず',
03:     '犬も歩けば棒に当たる',
04:     '瓜の蔓に茄子はならぬ',
05:     '江戸の仇を長崎で討つ',
06:     '鬼の居ぬ間の洗濯',
07: ]
```

2 リストから値を取り出す

❶で作成したコードに、右のようにコードを追加します。リストを走査し、先頭から順に値を取り出します❶。

入力を終えたら、🖫（すべて保存）から保存してください。

```
08:
09: for message in messages:
10:     print(message)
```

7-2 リストや辞書から順に値を取り出す 181

3 コードを実行する

[エクスプローラー]ペインからfor.pyを右クリックし❶、表示されたコンテキストメニューから[ターミナルでPythonファイルを実行する]を選択します❷。ファイルが実行されて、リストの内容が順に表示されることを確認してみましょう。

4 辞書を準備する

❶と同じように、0702フォルダーに「for_dic.py」という名前でファイルを作成します。エディターが開いたら、右のようにコードを入力します。文字列の辞書を定義するコードです❶。
入力を終えたら、🖫(すべて保存)から保存してください。

```
01: addresses = {
02:     '名無権兵衛': '千葉県千葉市美芳町1-1-1',
03:     '山田太郎': '東京都練馬区蔵王町2-2-2',
04:     '鈴木花子': '埼玉県所沢市大竹町3-3-3',
05: }
```

5 辞書から値を取り出す

4で作成したコードに、右のようにコードを
追加します。辞書を走査し、先頭から順に「キー：
値」の形式で中身を取り出し、出力します❶。
入力を終えたら、📑（すべて保存）から保存し
てください。

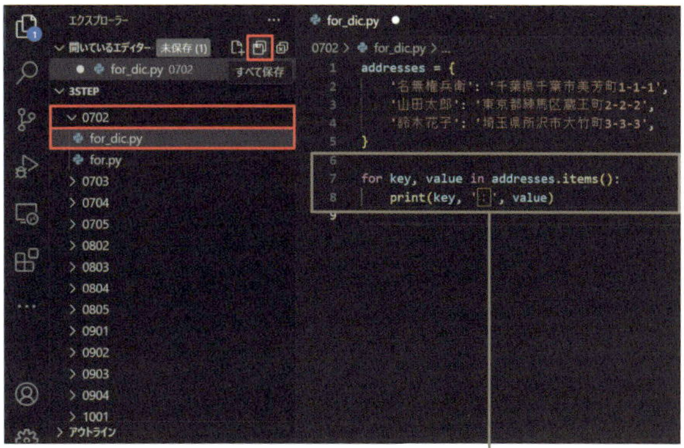

```
06:
07: for key, value in addresses.items():
08:     print(key, ':', value)
```
❶

6 コードを実行する

3と同じようにfor_dic.pyを実行します。辞書
の内容が順に表示されることを確認してみま
しょう。

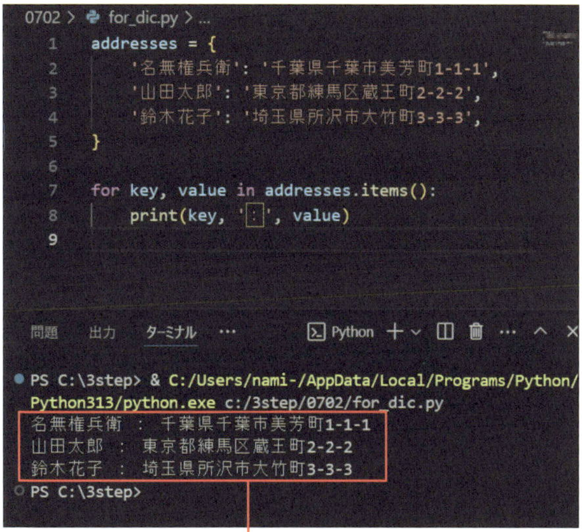

```
PS C:\3step> & C:/Users/nami-/AppData/Local/Programs/
Python/Python313/python.exe c:/3step/0702/for_dic.py
名無権兵衛  ：  千葉県千葉市美芳町1-1-1
山田太郎  ：  東京都練馬区蔵王町2-2-2
鈴木花子  ：  埼玉県所沢市大竹町3-3-3
```

表示された

7-2 リストや辞書から順に値を取り出す　183

for命令の使い方（リストの場合）

for命令は、以下のように使います。

▼構文　for命令（リスト）
```
for 仮変数 in リスト:
    リストの中身を処理するための命令
```

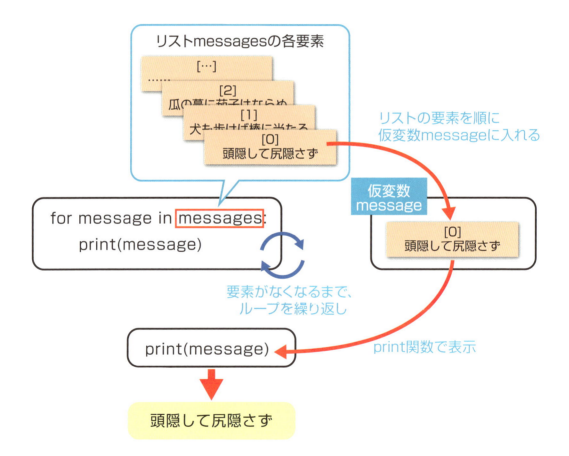

指定されたリストから順に個々の要素を取り出して、仮変数に保存します。forブロックの中では、仮変数を使って、取り出した要素を処理します。

たとえば体験❷では、要素の値をそのまま表示していますが、一般的には、要素を加工／演算することになるでしょう。
for命令は、リストに読み込んでいない要素がなくなるまで、ループを繰り返します。

for命令の使い方（辞書の場合）

辞書からすべてのキー／値を取得するには、以下の構文を利用します。

▼構文　for命令（辞書）
```
for キーの仮変数, 値の仮変数 in 辞書.items():
    辞書の中身を処理するための命令
```

itemsは辞書で使えるメソッドで、辞書の内容を(キー,値)形式のタプルのリストとして、返します。

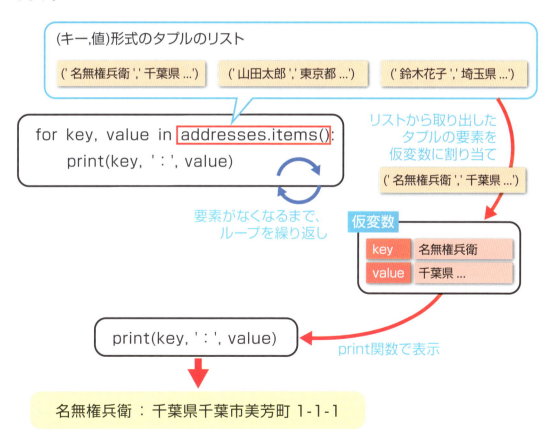

7-2　リストや辞書から順に値を取り出す　185

先の構文では、辞書からキー／値をタプルのリストとして取り出し、それぞれ対応する仮変数に格納しながら、処理を繰り返します。タプルには値が2個入っているので、受け手側の仮変数も2個になっているわけですね。

辞書からキー／値だけを取り出す

辞書からは、キー、または値だけを取り出すこともできます。これには、それぞれkeys、valuesメソッドを利用します。

▼構文　for命令（辞書のキー）
```
for 仮変数 in 辞書.keys():
    辞書の中身を処理するための命令
```

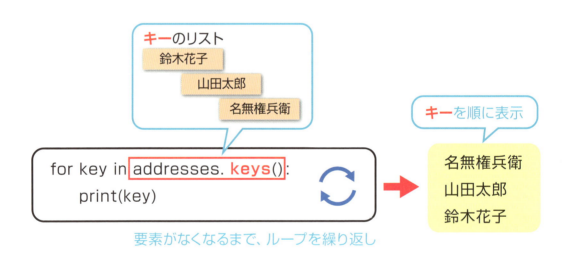

▼構文　for命令（辞書の値）
```
for 仮変数 in 辞書.values():
    辞書の中身を処理するための命令
```

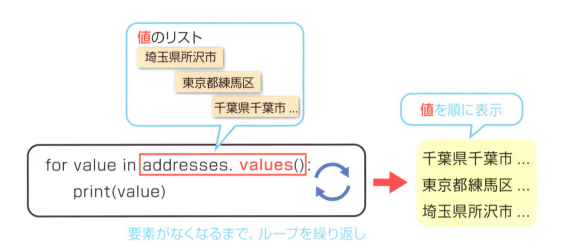

keys／valuesメソッドは、それぞれ辞書内のすべてのキー／値を、リスト形式で返します。リストに含まれるのは、キー／値のいずれかなので、対応する仮変数も1つで良い点に注目です。

まとめ

- ▶for命令を使うことで、リストや辞書からすべての要素を順に取り出せる
- ▶辞書からすべてのキー／値のセットを取り出すには、itemsメソッドを利用する
- ▶辞書からキー、または値だけを取り出すには、それぞれkeys／valuesメソッドを利用する

第7章 繰り返し処理

指定された回数だけ処理を繰り返す

完成ファイル │ 📁[0703] → 📄[range.py]

予習 3番目のループ構文

ループは、大きく「繰り返すべき処理」と「ループを継続する条件」からできています。このうち、「繰り返すべき処理」はどんな構文でも共通なので、構文によって異なるのは「ループを継続する条件」の表し方です。

たとえば **7-1** のwhileループは、条件式のTrue／Falseによってループを制御します。最もシンプルなループ構文です。また、**7-2** のforループは、リスト／辞書の要素をすべて読み込むまでループを繰り返すのでした。

そして、本節で学ぶのが「決められた回数だけ」ループを繰り返す構文です。

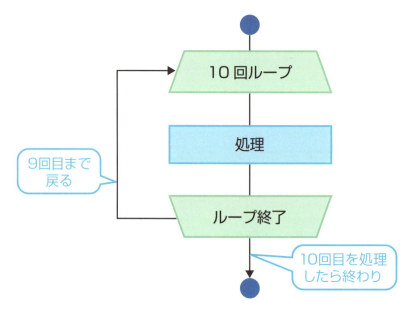

サンプルとしては、**7-1** と同じように「ヒツジが●○匹…」というメッセージを繰り返し出力する例を紹介します。互いの書き方の違いにも注目してみましょう。

体験 指定された回数だけ繰り返すループを定義する

1 ループのためのブロックを記述する

P.59の手順に従って、0703フォルダーに「range.py」という名前でファイルを作成します。
エディターが開いたら、右のようにコードを入力します。「ヒツジが●○匹...」というメッセージを10回表示します❶。
入力を終えたら、🖫（すべて保存）から保存してください。

```
01: for num in range(10):
02:     print('ヒツジが', num, '匹...')
```
❶

2 コードを実行する

[エクスプローラー]ペインからrange.pyを右クリックし❶、表示されたコンテキストメニューから[ターミナルでPythonファイルを実行する]を選択します❷。ファイルが実行されて、メッセージが10回表示されることを確認してみましょう。

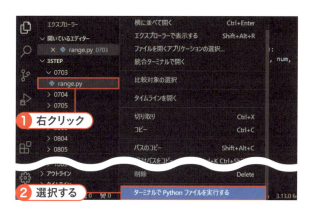

```
PS C:\3step> & C:/Users/nami-/AppData/Local/Programs/Python/Python313/python.exe c:/3step/0703/range.py
ヒツジが 0 匹...
ヒツジが 1 匹...
ヒツジが 2 匹...
ヒツジが 3 匹...
ヒツジが 4 匹...
ヒツジが 5 匹...
ヒツジが 6 匹...
ヒツジが 7 匹...
ヒツジが 8 匹...
ヒツジが 9 匹...
```
表示された

7-3 指定された回数だけ処理を繰り返す

3 数値の範囲を変更する

1で作成したコードを、右のように編集します。これで、5〜9の範囲で値が変化し、ループが5回繰り返されるようになります❶。

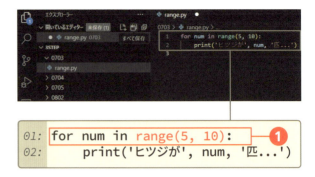

4 コードを実行する

2と同じようにrange.pyを実行します。メッセージが5回表示されることを確認してみましょう。数字は5から順に増えていきます。

表示された

5 数値の増分を変更する

3で作成したコードを、右のように編集します。これで、0〜9の範囲で値が+3ずつ変化し、ループが4回繰り返されるようになります❶。

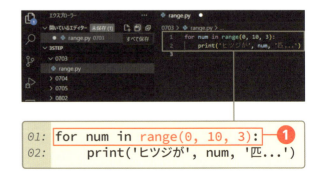

6 コードを実行する

2と同じようにrange.pyを実行します。メッセージが4回表示されることを確認してみましょう。数字は3つずつ増えていきます。

```
PS C:\3step> & C:/Users/nami-/AppData/Local/Programs/
Python/Python313/python.exe c:/3step/0703/range.py
ヒツジが 0 匹...
ヒツジが 3 匹...
ヒツジが 6 匹...
ヒツジが 9 匹...
```

表示された

7 数値の増分を変更する（負数を指定）

5で作成したコードを、右のように編集します。これで、10〜1の範囲で値が変化し、ループが10回繰り返されるようになります❶。

```
01: for num in range(10, 0, -1):   ❶
02:     print('ヒツジが', num, '匹...')
```

8 コードを実行する

2と同じようにrange.pyを実行します。メッセージが10回表示されることを確認してみましょう。数字は10から順に減っていきます。

```
PS C:\3step> & C:/Users/nami-/AppData/Local/Programs/
Python/Python313/python.exe c:/3step/0703/range.py
ヒツジが 10 匹...
ヒツジが 9 匹...
ヒツジが 8 匹...
ヒツジが 7 匹...
ヒツジが 6 匹...
ヒツジが 5 匹...
ヒツジが 4 匹...
ヒツジが 3 匹...
ヒツジが 2 匹...
ヒツジが 1 匹...
```

表示された

7-3 指定された回数だけ処理を繰り返す

理解 n回繰り返す方法を理解する

for命令のもう1つの書き方

「もう1つの書き方」とは言っても、「リストを渡して順に取り出していく」という考え方そのものは 7-2 と同じです。ただし、今回のような用途では対象のリストがないので、これを疑似的に作成します。それがrange関数の役割です。

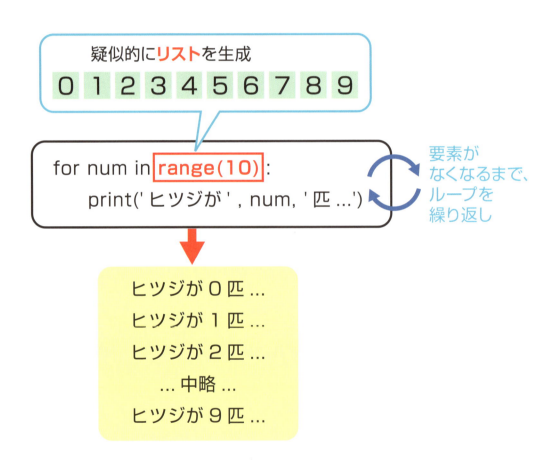

range(10)で、[0, 1, 2, 3, 4, 5, 6, 7, 8, 9]のようなリストを作成できます。あとは、このリストをfor命令に渡すことで、指定された回数だけ繰り返すループを表現できるわけです。

COLUMN 指定回数だけ繰り返す専用構文は存在しない

指定された回数だけ処理を繰り返すために、Python以外の言語では、以下のような構文がよく用意されています（以下は、Visual Basicという言語の例です）。

```
For i = 0 To 9
    Console.WriteLine(i)
Next
```

しかし、Pythonでは、このような専用構文は用意されておらず、リスト処理のための構文で代用しています。他の言語に触れたことがある人にとっては、若干違和感を覚えるかもしれませんが、そういうものだと理解してしまいましょう。

range関数の開始値を変更する

range関数は、デフォルトで0から指定された値までの範囲で、数値リストを生成します。しかし、開始値を指定することで「m〜nの範囲の値リスト」を作ることもできます。
体験3の例であれば、range(5, 10)としているので、5〜9の範囲のリストが作成されます。

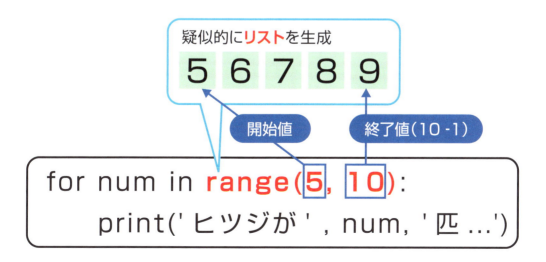

7-3 指定された回数だけ処理を繰り返す

range関数で値の増分を変更する

更に、range関数では値の増分を変更することもできます。たとえば体験5であれば、range(0, 10, 3)としているので、[0, 3, 6 ,9]のようなリストが生成されます。「3」の部分が増分を表します。

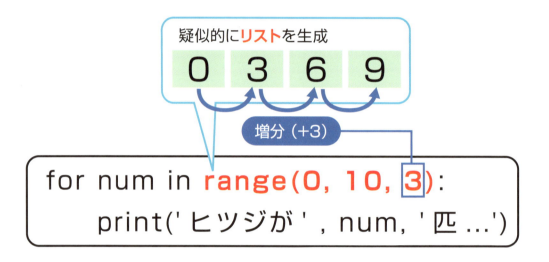

増分には負数を指定することもできます。たとえば体験7の例であれば、range(10, 0, -1)としているので、[10, 9, 8, 7, 6, 5, 4, 3, 2, 1]のようなリストが生成されます。
range関数を駆使することで、さまざまな値範囲のループを表現できることがわかりますね。

ループ構文の使い分け

7-1のサンプルと比べるとわかるように、while命令でもほぼ同じ内容のコードを表現できます。

for命令+range関数の場合

```
for num in range(10):
    print('ヒツジが', num, '匹...')
```

while命令の場合

```
num = 1               変数を初期化
while num < 10:       終了条件
    print('ヒツジが', num, '匹...')
    num += 1          変数を値に加算
```

ループに関わる
処理がバラバラ

ただし、while命令では、「ループを管理するための変数を初期化して」「変数に値を加算して」「終了条件を確認して」という処理をバラバラに行っているため、コードが若干冗長になります。冗長であることは、そのまま書き忘れや誤りの原因にもなるということです。

一般的には、連続する数値でループを制御する場合にはfor命令＋range関数を利用し、それ以外の条件式や関数の戻り値（True／False）によってループを制御する場合にはwhile命令を利用します。

まとめ

▶range関数を利用することで、m〜nの範囲の数値リストを生成できる

▶for命令とrange関数を組み合わせることで、決められた回数だけの繰り返しを表現できる

▶while命令でも指定された回数でのループは表現できるが、まずはfor命令を優先して利用すべきである

7-3　指定された回数だけ処理を繰り返す　195

第7章 繰り返し処理

4 強制的にループを中断する

完成ファイル │ 📁[0704] → 📄[break.py]

予習 ループの中断

while／for命令では、まずは、あらかじめ決められた終了条件を満たしたタイミングでループを終了します。しかし、処理内容によっては（終了条件に関わらず）特定の条件を満たしたところで強制的にループを中断したい、ということもあるでしょう。
そのような場合に利用できるのがbreak命令です。

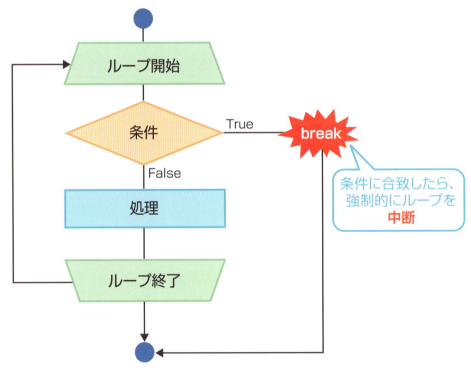

ここでは、リストの内容を順番に取得する中で、途中に「×」という要素が登場したらループを中断する例を紹介します。

体験 特定の条件でループを中断する

1 リストから順に値を取り出す

P.59の手順に従って、0704フォルダーに「break.py」という名前でファイルを作成します。エディターが開いたら、右のようにコードを入力します。リストを定義し❶、その内容をfor命令で順に出力するためのコードです❷。
入力を終えたら、■(すべて保存)から保存してください。

```
01: colors = ['黒', '白', '×', '青', '緑']   ❶
02:
03: for color in colors:                    ❷
04:     print(color)
```

2 コードを実行する

[エクスプローラー]ペインからbreak.pyを右クリックし❶、表示されたコンテキストメニューから[ターミナルでPythonファイルを実行する]を選択します❷。
ファイルが実行されて、リストの内容が順に表示されることを確認してみましょう。

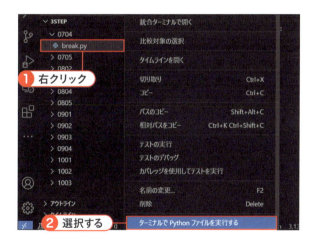

```
PS C:\3step> & C:/Users/nami-/AppData/Local/Programs/
Python/Python313/python.exe c:/3step/0704/break.py
黒
白
×
青
緑
```

表示された

7-4 強制的にループを中断する 197

3 ループの中断条件を追加する

1で作成したコードを、右のように編集します。要素として「×」が見つかった場合に、ループを即座に終了します❶。

> **Tips**
> forブロックの中に、ifブロックを加えることを「入れ子にする」と言うのでした。**6-4**ではif同士を入れ子にする例を見ましたが、条件分岐とループと、いずれのブロック同士でも入れ子は自由にできます。

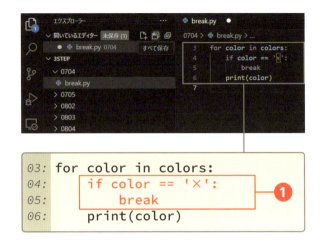

```
03: for color in colors:
04:     if color == '×':
05:         break
06:     print(color)
```
❶

4 コードを実行する

2と同じようにbreak.pyを実行します。結果を確認すると、先ほどと異なり、「×」以降の要素が出力<mark>されない</mark>点に注目してみましょう。

```
PS C:\3step> & C:/Users/nami-/AppData/Local/Programs/
Python/Python313/python.exe c:/3step/0704/break.py
黒
白
```
表示された

5 ループ終了時の処理を追加する

3で作成したコードに、右のようにコードを追加します。ループが（中断せずに）正常終了した場合にのみ、メッセージを表示するように追加します❶。

```
07: else:
08:     print('処理を終了しました。')
```
❶

6 コードを実行する

2と同じようにbreak.pyを実行します。4と同じ結果が表示されることを確認してみましょう。

```
PS C:\3step> & C:/Users/nami-/AppData/Local/Programs/
Python/Python313/python.exe c:/3step/0704/break.py
黒
白
```
表示された

7 リストの内容を修正する

5で作成したコードを、右のように編集します。リストの中に「×」が含まれ**ない**ようにしています❶。

```
01: colors = ['黒', '白', '赤', '青', '緑']   ❶
02:
03: for color in colors:
04:     if color == '×':
05:         break
06:     print(color)
07: else:
08:     print('処理を終了しました。')
```

8 コードを実行する

2と同じようにbreak.pyを実行します。6と異なり、今度はリストの内容がすべて表示された後、終了メッセージが表示されます❶。

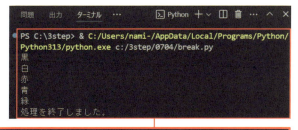

```
PS C:\3step> & C:/Users/nami-/AppData/Local/Programs/
Python/Python313/python.exe c:/3step/0704/break.py
黒
白
赤
青
緑
処理を終了しました。
```

7-4 強制的にループを中断する

理解 ループを中断する方法を理解する

break命令でループを抜ける

for／whileブロックの中でbreak命令を呼び出すと、本来のループの終了条件に関わらず、強制的にループを終了できます。

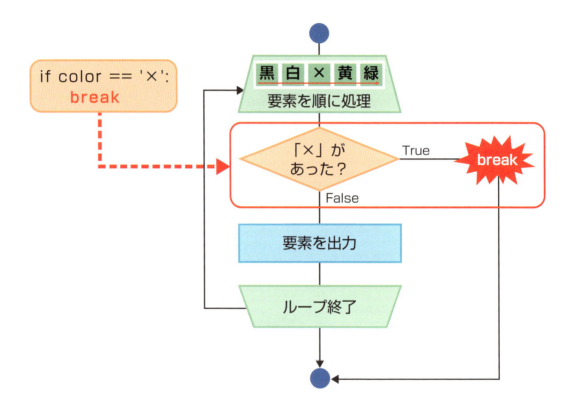

ただし、ただbreakを呼び出しただけでは、無条件に最初の周回でループを抜けてしまいます。break命令は、体験3のように、ifなどの条件分岐命令とセットで利用するのが一般的です。

ループが終了した時に処理を実行する

if命令（6-2）で紹介したelseブロックは、for／while命令でも利用できます。そして、for／while命令でのelseブロックは、「ループを終了した時に実行すべき処理」を表します。

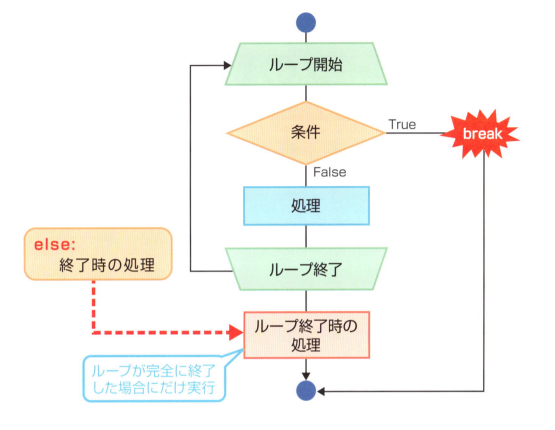

ただし、ここで言う「ループが終了した時」には、breakによる中断は含まれません（あくまで本来の終了条件によってループが終了した時にだけ、elseブロックは実行されます）。体験❻でもループが中断した時には、終了メッセージが表示されて いない 点に注目してみましょう。

まとめ

- ▶ループを強制的に中断するにはbreak命令を利用する
- ▶break命令は一般的にifのような条件分岐命令とセットで利用する
- ▶for／while命令でelseを指定することで、ループが正常終了した場合に実行されるブロックを定義できる

第7章 繰り返し処理

5 ループの現在の周回をスキップする

完成ファイル　[0705] → [continue.py]

 予習 | 周回のスキップ

ループを完全に抜けてしまうbreak命令に対して、現在の周回だけをスキップして、次の周回を継続するcontinue命令もあります。
たとえば本節では、リストの内容を順番に取得する中で、途中に「×」という要素が登場したら、これをスキップする例を紹介します。

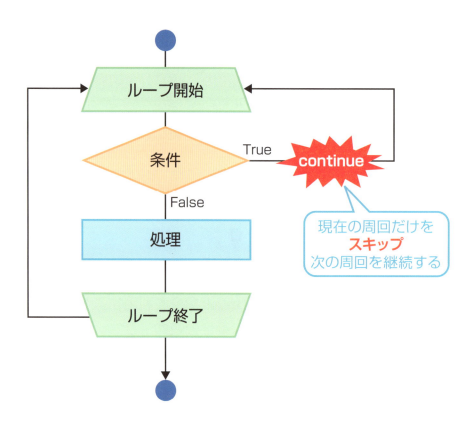

体験 特定の条件で周回をスキップする

1 周回をスキップする条件を記述する

P.59の手順に従って、0705フォルダーに「continue.py」という名前でファイルを作成します。

エディターが開いたら、右のようにコードを入力します。リストを定義し❶、その内容をfor命令で順に出力するためのコードです❷。ただし、要素として「×」が見つかった場合に、現在の周回をスキップします❸。

入力を終えたら、■（すべて保存）から保存してください。

```
01: colors = ['黒', '白', '×', '青', '緑']  ❶
02:
03: for color in colors:
04:     if color == '×':        ❸    ❷
05:         continue
06:     print(color)
```

2 コードを実行する

[エクスプローラー] ペインからcontinue.pyを右クリックし❶、表示されたコンテキストメニューから [ターミナルでPythonファイルを実行する] を選択します❷。ファイルが実行されて、リストの内容が出力されること、ただし、要素「×」は出力されて*いない*ことを確認してください。

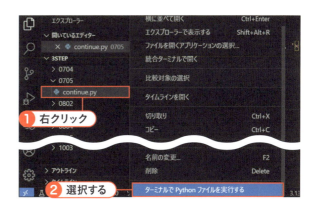

「×」は表示されない

理解 現在の周回をスキップする方法を理解する

continue命令の挙動

continue命令は、現在の周回をスキップするための命令です。break命令との違いをわかりやすくするため、プログラムの流れを図示＆比較してみましょう。

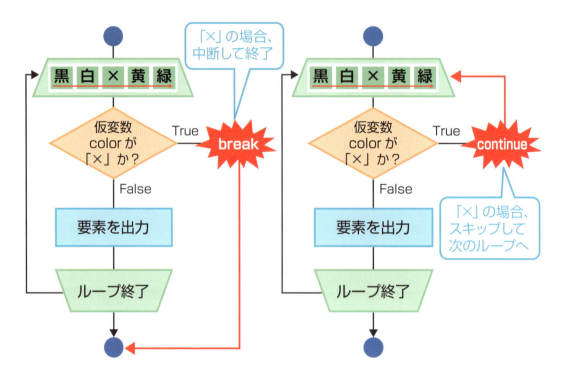

continue命令も、ifのような条件分岐とセットで利用すべきなのは、break命令の時と同じです（無条件にスキップしてしまっては、ループの意味がありません）。

continue命令の別解

ちなみに、体験のコードは以下のように書き換えることもできます。

```
for color in colors:
    if color != '×':
        print(color)
```

仮変数 color が「×」でない場合にだけ、その値を出力しなさい、というわけですね。

ただし、この場合、本来のコード（出力のためのコード）がよりインデント位置の深いところに移動してしまいます。この程度のコードであればさほどではありませんが、一般的に、インデントの深いコードは読みづらくなります。周回全体をスキップする場合には、素直にcontinue命令を利用することをお勧めします。

```
…コード…
    if 条件1:
        …コード…
        if 条件2:
            …コード…
            if 条件3:
                …コード…
```

インデントの深いコードは読みづらい！

まとめ

- ▶ continue命令を使うことで、ループの現在の周回をスキップできる
- ▶ continue命令は、一般的にifのような条件分岐命令とセットで利用する

7-5 ループの現在の周回をスキップする 205

第7章 練習問題

●問題1

以下は、1〜100までの値を合計するためのコードです。空欄を埋めて、コードを完成させてください。

```
# while.py

num = 1
result =  ①

while  ②  :
    result  ③  num
    num  ③  1

print('1〜100の合計値は',  ④  )
```

●問題2

問題1のコードをfor命令を使って書き換えてください。

●問題3

以下は、リストの内容を「×」という要素を除いて順番に書き出すためのコードですが、誤りが3箇所あります。誤りを正して、コードが意図したように動作するようにしてみましょう。

```
# repeat.py

data = {'あ', 'い', '×', 'ろ', 'ん'}

for elm to data:
    if elm == '×':
        break
    print(elm)
```

206　第7章 繰り返し処理

基本ライブラリ

- **8-1** 文字列を操作する
- **8-2** 基本的な数学演算を実行する
- **8-3** 日付／時刻を操作する
- **8-4** テキストファイルに文字列を書き込む
- **8-5** テキストファイルから文字列を読み込む
- ◉第8章　練習問題

第8章 基本ライブラリ

1 文字列を操作する

完成ファイル | なし

予習 標準ライブラリとは？

Pythonには、簡単にプログラムを開発するために、便利な道具がさまざまに用意されています。これまでに何度も登場したprint関数をはじめ、データ型を変換するためのstr／int関数、リスト型で利用できるpop／removeなどのメソッドもありました（メソッドは、特定の型に紐づいた関数です）。

そして、これら標準で用意された道具を総称して、**標準ライブラリ**と呼びます。Pythonでは、（たとえば）「文字列から特定の文字を検索したい」「数値を四捨五入したい」「日付データを決められた形式で整形したい」のような処理が、標準ライブラリとして豊富に用意されており、これらを組み合わせることで、自分のやりたいことを直感的に表現できます。

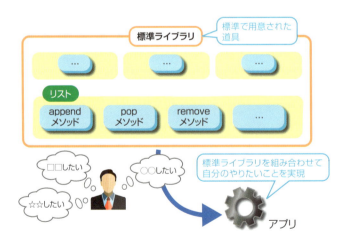

本章では、これらライブラリの中でも特によく利用すると思われるものを解説していきます。まず本節で扱うのは、文字列に関するライブラリからです。体験でいくつかのメソッドの動作を確認した後、理解で主なものについて解説していきます。

体験 文字列を操作する

1 文字列を検索する

ターミナルを起動して、コマンドライン上でpythonコマンドを実行します。macOSの場合は、ターミナルを起動し、python3コマンドを実行します。

文字列に指定された部分文字列が含まれているかどうかを検索します❶。実行結果として「1」が表示されます❷。

更に、範囲（10～14文字目）を指定して検索しています❸。今度は、実行結果が「12」に変わります❹。

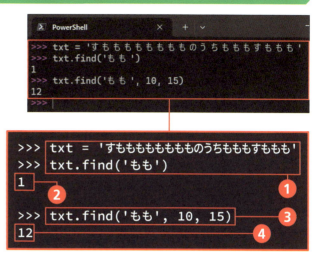

2 文字列を区切り文字で分割する

文字列をタブ文字（\t）で分割します❶。結果として「'パン', '牛乳', 'サラダ', '唐揚げ'」のようなリストが返されます❷。

3 文字列を区切り文字で連結する

リストの内容を、与えられた区切り文字（ここではタブ文字）で連結します❶。結果として「パン　牛乳　サラダ　唐揚げ」のような文字列が返されます❷。

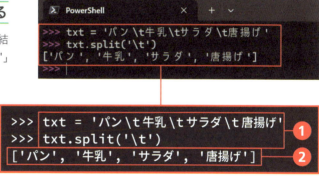

8-1 文字列を操作する

4 文字列を整形する

文字列を指定された書式文字列に埋め込みます❶。結果として「りんごは、英語でappleです。」のような文字列が返されます❷。

5 文字列を整形する（2）

あらかじめ用意した変数ja、enを文字列に埋め込みます❶。4と同じ結果が返されることを確認してください❷。

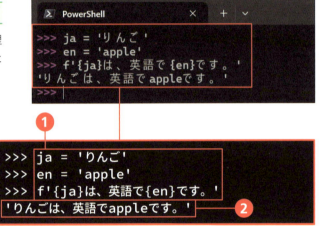

理解 文字列に関わるメソッドを理解する

文字位置のカウント方法

findメソッドは、文字列からある部分文字列を検索して、その登場位置を返します（体験❶）。

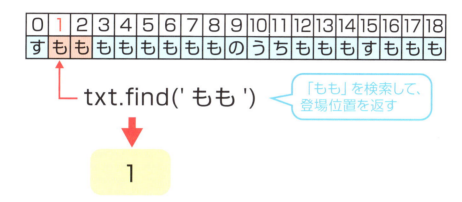

findメソッドの戻り値は、部分文字列が見つかった文字位置です。ただし、文字位置は先頭が0文字目となる点に注意してください（このルールはリストとも同じですね）。

検索位置を指定する

findメソッドでは、検索の開始／終了位置も指定できます。

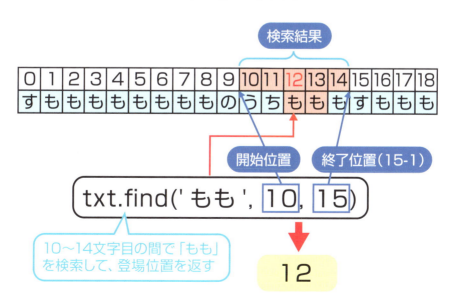

8-1 文字列を操作する 211

この場合も、文字位置は先頭を0と数える点に注目です。上の図の例であれば、10〜14文字目の範囲で、文字列を検索しています（終了位置、ここでは15文字目の直前までを検索範囲とします）。結果は、先頭からの文字位置になります。

> **COLUMN　後方から検索するrfindメソッドも**
>
> findメソッドは文字列を前方から検索しますが、末尾から検索するrfindメソッドもあります。余力のある人は、体験❶の1つ目の例をrfindで置き換え、結果が「17」に変化することも確認してみましょう（戻り値はあくまで先頭からの文字位置です）。
> ほかにも、「r + メソッド名」で文字列の末尾を処理するものがあるので、自分でメソッドを探す際には確認してみると良いでしょう。

文字列を分割する

splitメソッドを利用することで、文字列を決められた区切り文字で分割できます。

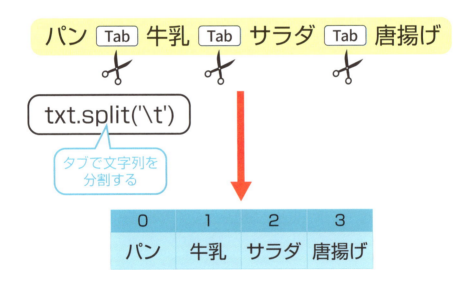

体験❷では区切り文字として'\t'という文字を指定していますが、これは**エスケープシーケンス**と呼ばれる表現です。改行やタブなど、特殊な意味を持つ（＝ディスプレイに表示できないなどの）文字を表すためのしくみで、「\ + 文字」のように表します。
主なものを以下にまとめておきますが、もちろん、すべてを覚える必要はありません。まずは「\t」「\n」あたりを押さえておけば十分です。

エスケープシーケンス	概要
\\	\（バックスラッシュ）
\'	シングルクォート
\"	ダブルクォート
\f	改ページ
\r	キャリッジリターン
\n	改行
\t	タブ
\uxxxx	16ビットの16進数値xxxxを持つUnicode文字
\Uxxxxxxxx	32ビットの16進数値xxxxxxxxを持つUnicode文字

「\'」「\"」などは **3-3** でも触れました。これも、実はエスケープシーケンスによる表現だったわけです。

COLUMN　タブ文字の扱い

Python 3.12までは、インタラクティブシェルでも Tab キーでタブを入力できました。ただし、本書検証環境である3.13では Tab キーの入力は無視されてしまうので、注意してください。

```
>>> txt = 'パン Tab 牛乳 Tab サラダ Tab 唐揚げ'
```

リストを結合する

joinメソッドは、splitメソッドとは反対に、リストを与えられた区切り文字で連結した結果を返します。

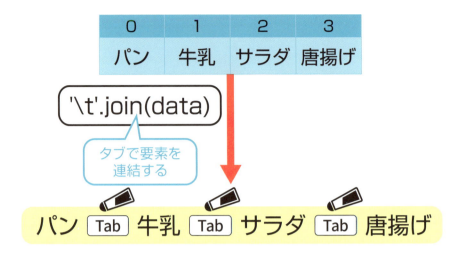

'\t'という文字列から直接にメソッドを呼び出しているのが不思議に思えるかもしれません。しかし、'\t'が文字列であるのは同じなので、文字列型に属するメソッドを利用できるのも道理です。よく利用する表現なので、ぜひ覚えておきましょう。

ちなみに、連結の結果をprint関数で出力しているのは、printなしで出力した場合には、エスケープシーケンスがそのまま出力されてしまうためです。

文字列を整形する

formatメソッドは、指定された書式文字列に基づいて文字列を整形し、その結果を返します（体験4）。

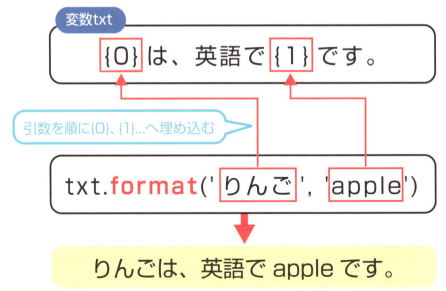

書式文字列の{0}、{1}...は文字列を後から埋め込むための置き場所（プレイスホルダー）で、この例であれば、それぞれ「りんご」「apple」という文字列を埋め込みます。書式文字列の中で{0}、{1}...は重複していても構いません。

> **COLUMN フォーマット文字列**
>
> 文字列を表す"..."、'...'の先頭に「f」または「F」を付けることで、文字列に{...}の形式で変数を埋め込むこともできます（体験5）。このような文字列を**フォーマット文字列**と言います。
> メソッドの紹介ということで本項ではformatメソッドも紹介していますが、今後はより簡単に表現できるフォーマット文字列を優先して利用することをお勧めします。

> **COLUMN 文字列のスライス構文**
>
> 文字列から部分文字列を抜き出すメソッドがないことを不思議に感じたかもしれません。部分文字列を抜き出すには、リスト（5-1）でも登場したスライス構文を利用します。たとえば変数str（中身は「あいうえお」）の1〜3文字目を取り出すには、「txt[1:4]」とします。先頭文字を0文字目と数えるのは、findメソッドなどと同じですね。

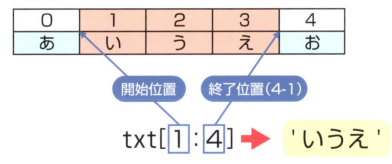

まとめ

- ▶文字列には、文字列を検索、置き換え、分割するためのメソッドが用意されている
- ▶文字位置は、先頭を0と数える
- ▶改行やタブなど特別な意味を持つ文字は「\ + 文字」の形式で表現できる

8-1 文字列を操作する 215

第8章 基本ライブラリ

② 基本的な数学演算を実行する

完成ファイル　[0802] → [bmi.py]

予習　数学演算を扱うmathモジュール

printのような組み込み関数、または標準的な型（組み込み型）に属するメソッドは、利用にあたって、特別な準備も必要ありませんでした。しかし、それ以外のライブラリについては、（標準ライブラリであっても）あらかじめ必要なモジュールを有効にしておく必要があります。モジュールとは、関連する機能の塊です。

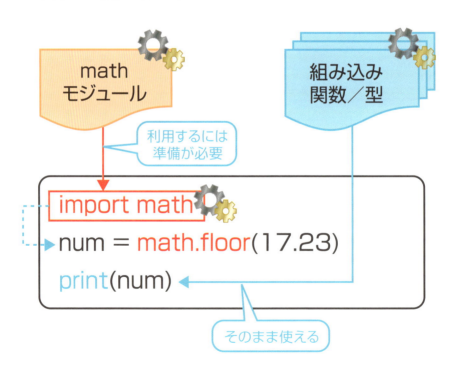

本節では、モジュール有効化の例として、mathモジュールを利用します。mathモジュールは、名前の通り、数学（math）関連の関数を集めたモジュールです。

体験 mathモジュールを利用する

1 ファイルをコピーする

VSCodeのエクスプローラーから0403フォルダーの「bmi.py」を右クリックし❶、表示されたコンテキストメニューから[コピー]を選択します❷。

2 貼り付ける

[0802]フォルダーを右クリックして❶、表示されたコンテキストメニューから[貼り付け]を選択します❷。

8-2 基本的な数学演算を実行する 217

3 小数点以下の値を切り捨てる

2でコピーしたファイルを開いて、右のように編集します。mathモジュールをインポートし❶、演算結果（変数bmi）を小数点以下で切り捨てます❷。

編集できたら、■（すべて保存）からファイルを保存してください。

```
01: import math            ❶
02:
03: weight = float(input('体重(kg)を入力してください：'))
04: height = float(input('身長(m)を入力してください：'))
05:
06: bmi = weight / (height * height)
07: print('結果：', math.floor(bmi))  ❷
```

4 コードを実行する

［エクスプローラー］ペインからbmi.pyを右クリックし❶、表示されたコンテキストメニューから［ターミナルでPythonファイルを実行する］を選択します❷。ファイルが実行されるので、体重❸と身長❹を入力すると、右のような結果が表示されます。

> **Tips**
> 身長の単位は「cm」ではなく「m」ですので、間違えないようにしてください。

```
PS C:\3step> & python c:\3step\0802\bmi.py
体重(kg)を入力してください：53.5    ❸
身長(m)を入力してください：1.65     ❹
結果： 19
```
表示された

理解 モジュールの利用方法を理解する

モジュールをインポートする

モジュールを、現在のコードで利用できるように取り込むことを**インポートする**と言います。そして、インポートにはimportという命令を利用します。

▼構文　import命令

```
import モジュール名
```

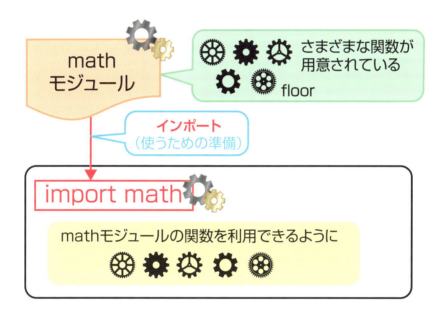

体験3の❶であれば、mathモジュールをインポートしなさい、というわけです。これでmathモジュールで定義された機能を利用できるようになったので、あとは、「モジュール名.関数名(...)」の形式で、mathモジュールの関数を呼び出せます。

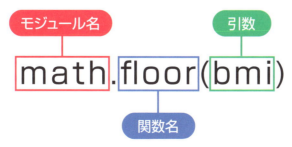

モジュールのインポート方法

体験❸で触れたほかに、以下のような記法でもモジュールをインポートできます。

1 モジュール名の省略名を指定する

同じモジュールに何度もアクセスする場合で、モジュール名が長かったりすると、コードも冗長になります。そのような場合には、以下のようにすることで、モジュールに別名を付けることができます。

```
import math as m
```

これで、mathモジュールに「m」という別名を付けたことになります。よって、体験❸のコードは、以下のように表現できます。

```
print('結果:', m.floor(bmi))
```

2 指定された関数だけをインポートする

from...import命令を使うことで、モジュールで特定の関数だけをインポートすることもできます。

```
from math import floor
```

これで「mathモジュールからfloor関数だけをインポートしなさい」、という意味になります。この場合、呼び出し側もモジュール名を省略して、以下のように表現できます。

```
print('結果:', floor(bmi))
```

1 よりも更にシンプルになりましたが、プログラムが大きくなってくると、同じ名前の関数が衝突する危険も出てきます。まずは、体験のような書き方を基本とし、2 の書き方を採る場合には、名前の管理に注意してください。

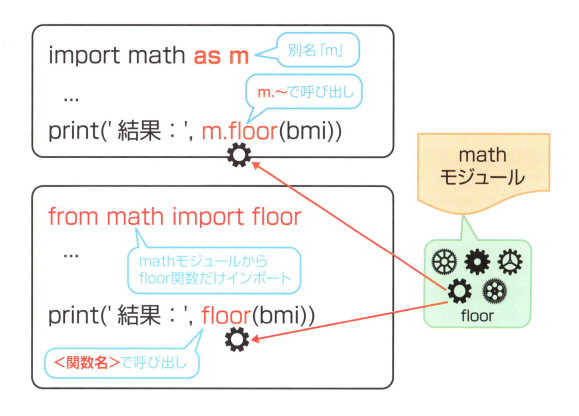

まとめ

▶ モジュールとは、Pythonで利用できる関数や型などをまとめたものである
▶ モジュールを利用するには、あらかじめimport命令で現在のコードに取り込んでおく必要がある
▶ モジュール内の関数を呼び出すには、「モジュール名.関数(...)」のように表す
▶ モジュールに別名を付与するにはimport...as命令を利用する
▶ モジュール内の特定の関数だけをインポートするには、from...import命令を利用する

第8章 基本ライブラリ

3 日付／時刻を操作する

完成ファイル [0803] → [date.py]

予習 モジュールと型

モジュールで定義されているのは、関数だけではありません。型が用意されているものもあります。

これまでも、文字列、整数、リスト、辞書などが登場しましたが、これらはすべて標準で利用できる型です（組み込み型、とも言います）。**4-1**や**5-2**などでも見たように、Pythonでは、型によって演算子の挙動が変化したり、利用できる関数（メソッド）が変化するのでした。

ここではdatetimeモジュールをインポートして、日付／時刻といった型の値を扱う方法について解説します。組み込み型との共通点／相違点に着目しながら、動作を確認してみましょう。

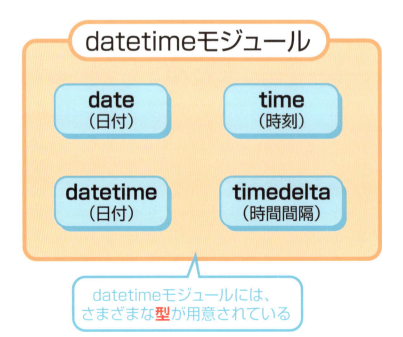

datetimeモジュールには、さまざまな**型**が用意されている

体験 datetimeモジュールを利用する

1 現在の日付を生成する

P.59の手順に従って、0803フォルダーに「date.py」という名前でファイルを作成します。エディターが開いたら、❶で現在の日時を生成し、❷で結果を確認するためのコードを入力します。
入力を終えたら、💾（すべて保存）から保存してください。

```
01: import datetime
02:
03: today = datetime.date.today()
04: print('今日は', today, 'です。')
```

2 コードを実行する

［エクスプローラー］ペインからdate.pyを右クリックし❶、表示されたコンテキストメニューから［ターミナルでPythonファイルを実行する］を選択します❷。ファイルが実行されて、現在の日付が表示されます。

Tips
結果は、もちろん、システム日付によって、その時どきで変化します。

```
PS C:\3step> & C:/Users/nami-/AppData/Local/
Programs/Python/Python313/python.exe
c:/3step/0803/date.py
今日は 2024-10-19 です。
```

3 今年の誕生日を生成する

1で作成したコードに、右のようにコードを追加します。❶で今年の誕生日を生成し、❷で今日の日付との差を求めます。

Tips
ここでは誕生日を6月25日としていますが、もちろん、「6, 25」の部分は、自分の誕生日に合わせて値は変更しても構いません。

```
05: birth = datetime.date(today.year, 6, 25)
06: ellap = birth - today
```

8-3 日付／時刻を操作する　223

4 誕生日の差によって メッセージを振り分ける

3で作成したコードに、右のようにコードを追加します❶。誕生日と今日の差がゼロであれば誕生日メッセージを、正であれば「あと●○日」メッセージを、負であれば「●○日過ぎました」メッセージを、それぞれ表示します。

```python
import datetime

today = datetime.date.today()
print('今日は', today, 'です。')
birth = datetime.date(today.year, 6, 25)
ellap = birth - today
if ellap.days == 0:
    print('今日は誕生日です！')
elif ellap.days > 0:
    print('今年の誕生日まで、あと', ellap.days, '日です。')
else:
    print('今年の誕生日は、', -ellap.days, '日、過ぎました。')
```

Tips

12行目で「-ellap.days」としているのは、今日が誕生日を過ぎている場合、日数がマイナスになるためです。符号を反転させるために「-」を入れています。

```python
07: if ellap.days == 0:
08:     print('今日は誕生日です！')
09: elif ellap.days > 0:
10:     print('今年の誕生日まで、あと', ellap.days, '日です。')
11: else:
12:     print('今年の誕生日は、', -ellap.days, '日、過ぎました。')
```

❶

5 コードを実行する

2と同じようにdate.pyを実行します。現在の日付に応じてメッセージが表示されます（結果は、その日の日付によって変化します）。

Tips

表示メッセージを変化させるには、誕生日の日付を変えるか、システム日付を変更してください。システム日付は、画面右下のタスクバーから日付と時刻の表示を右クリックし、表示されたコンテキストメニューの[日時を調整する]から変更できます。

```
PS C:\3step> & C:/Users/nami-/AppData/Local/Programs/
Python/Python313/python.exe c:/3step/0803/date.py
今日は 2024-10-19 です。
今年の誕生日は、 116 日過ぎました。
```

表示された

第8章 基本ライブラリ

理解 datetimeモジュールの用法を理解する

日付を生成する

日付値を表すには、datetimeモジュールのdateという型を利用します。もっとも、date型には、組み込み型のように専用の記法はないので、注意してください。代わりに、「モジュール名.型名(引数,...)」の形式で、具体的な値を作成します。

指定できる引数は、型によって異なりますが、date型であれば年、月、日の順で値を渡します。このように、実際の値を生成する「型と同じ名前の関数（メソッド）」のことを**初期化メソッド**と言います。また、初期化メソッドによってできた値のことを**インスタンス**と呼びます。

> **COLUMN　リテラル**
>
> 組み込み型は、それぞれの値を直接表すための記法を持っています。たとえば数値であれば（そのまま）13のように表せますし、文字列であれば'こんにちは'のようにクォートで括ります。リストであればブラケットで[1, 2, 3]のように表すのでした。
> このように型に応じた値の表現方法、または値そのもののことを**リテラル**とも言います。組み込み型はよく利用することから、いちいち「型名(値,...)」のように書くのは面倒なので、専用のリテラル表現が用意されているわけですね。

今日の日付を生成する

date型の値を生成するには、初期化メソッドを呼び出すばかりではありません。たとえば**体験❶**のように、todayメソッドを呼び出すことでもdate型を生成できます。todayメソッドでは引数は指定できず、固定で今日の日付を生成します。

なお、todayの前に書かれたdatetimeはモジュール名、dateは型名である点にも注目です。5-2では「names.append('山田太郎')」のように、「型の値.メソッド名(...)」の形式でメソッドを呼び出していました。しかし、today（今日の日付）を求めるのに実際の値は必要ありません。よって、「型名.メソッド名(...)」で呼び出せるのです。このようなメソッドのことを、クラス（型）に属するメソッドという意味で**クラスメソッド**と言います。

> **COLUMN　インスタンスメソッド**
>
> クラス（型）経由で呼び出すクラスメソッドに対して、インスタンス（型の実際の値）経由で呼び出すメソッドのことを**インスタンスメソッド**と呼びます。5-2で登場したappend、pop、removeのようなメソッドは、いずれもインスタンスメソッドです。

date型のアトリビュート

Pythonの型には、型に関連する情報が用意されており、変数のようにアクセスできるようになっている場合があります。

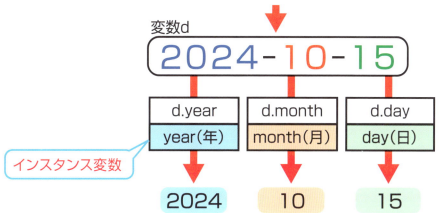

このような型に紐づいた変数のことを**インスタンス変数**、または**アトリビュート**と呼びます。たとえばdate型であればyear（年）、month（月）、day（日）のようなインスタンス変数が用意されています。体験3でも、

```
birth = datetime.date(today.year, 6, 25)
```

のようなコードを書いていますが、これは「today（今日の日付を表すdate型の変数）のyear（年）」＝「今日の日付から年だけ」を取得し、その値をもとに「今年の誕生日」を生成しています。

日付を計算する

数値型、文字列型がそうであったように、date型の値を演算子で計算することもできます。体験3であれば、誕生日（birth）と今日の日付（today）を引き算することで、日付の差を求めています。

8-3 日付／時刻を操作する 227

> ## COLUMN 日付を加算する
>
> date型の値にtimedelta型の値を加算することで、（たとえば）30日後の日付を求めることもできます。
>
> ```python
> # date型の値
> today = datetime.date.today()
> # timedelta型の値
> delta = datetime.timedelta(days=30)    ❶
> print(today + delta)    # 結果:2024-12-31(今日が2024-12-01の場合)
> ```
>
> ❶は、30日間を表すtimedelta型の値を生成しなさい、という意味です。「days=」という表記はキーワード引数です。Pythonでは、関数に引数を渡す際に、単に（値を指定するだけでなく）「名前=値」のように名前付きで指定することもできます。
>
> キーワード引数はタイプ量こそ長くなりますが、値の意味が見た目にもわかりやすくなる、というメリットがあります。詳しくは**9-3**でも改めます。

datetimeモジュールで提供されている型

date型では日付だけしか扱えませんが、datetimeモジュールでは時刻を表すtime型、日付／時刻両方を表すためのdatetime型も用意されています。以下に、簡単な用法をまとめておきます。

1 任意の時刻データを作成する

13:37:45を表すには、以下のようにします。

```python
current = datetime.time(13, 37, 45)
print(current.minute)      # 結果：37
```

time型からはhour（時）、minute（分）、second（秒）などのインスタンス変数で、個々の時間要素にアクセスできます。

2 任意の日時データを作成する

2024年8月5日13:37:45を表すには、以下のようにします。

```
dt = datetime.datetime(2024, 8, 5, 13, 37, 45)
print(dt.month)  # 結果：8
```

datetime型からはdate／time型で利用できるインスタンス変数、year、month、day、hour、minute、secondなどにアクセスできます。

3 現在の日時を作成する

datetime型のnowメソッドを利用することで、現在の日時に基づいてdatetime型を生成できます。date型のtodayメソッドに相当します。

```
current = datetime.datetime.now()
print(current)  # 結果：2024-07-21 22:20:29.058105
```

まとめ

- ▶ datetimeモジュールには、date（日付）、time（時刻）、datetime（日付時刻）などの型が用意されている
- ▶ 型に基づいた値のことをインスタンスと呼ぶ。インスタンスは「型名（引数,...）」で生成できる
- ▶ 型から直接に呼び出せるメソッドのことを「クラスメソッド」、型の値から呼び出すメソッドのことを「インスタンスメソッド」と呼ぶ
- ▶ インスタンス経由でアクセスできる情報のことを「インスタンス変数」または「アトリビュート」と呼ぶ

8-3　日付／時刻を操作する　229

4 テキストファイルに文字列を書き込む

完成ファイル | [0804] → [write.py]

予習 データを保存する方法

これまでは値を保存するために、「変数」というしくみを利用してきました。変数は、手軽に値を出し入れできるしくみで、利用にあたって特別な準備も不要です。ただし、値の保存先はメモリーなので、プログラムが終了すると値もそのまま消えてしまいます。

しかしより本格的なアプリでは、プログラムが終了した後も残しておけるデータの保存先が欲しくなります。そのような保存先の中でも準備が不要で、比較的手軽に利用できるのがファイルです。

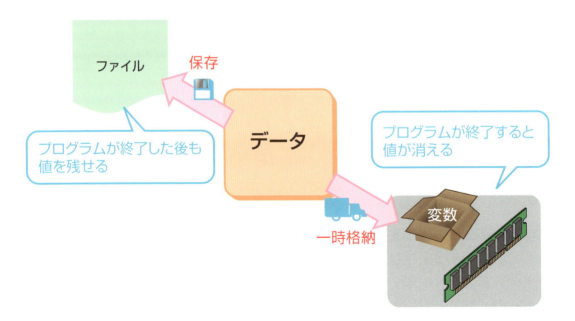

本節では、まず、ファイルの中でも特に利用すると思われる「テキストファイル」を題材に、現在時刻を保存する例を紹介します。

体験 テキストファイルにデータを保存する

1 ファイルに現在時刻を保存する

P.59の手順に従って、0804フォルダーに「write.py」という名前でファイルを作成します。エディターが開いたら、右のようにコードを入力します。テキストファイルを開き、現在時刻を記録します❶。
入力を終えたら、📁（すべて保存）から保存してください。

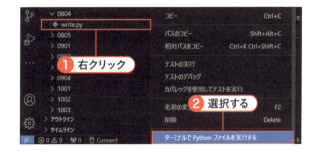

ファイルを作成する❶

Tips
strは、与えられた値を文字列に変換するための関数です。nowメソッドの戻り値はdatetime型なので、str関数で文字列に変換しないと、「+」演算子での連結も失敗します。

```
01: import datetime
02:
03: file = open('0804/hoge.txt', 'w', encoding='UTF-8')
04: file.write(str(datetime.datetime.now()) + '\n')
05: file.close()
06: print('ファイルを保存しました。')
```

2 コードを実行する

［エクスプローラー］ペインからwrite.pyを右クリックし❶、表示されたコンテキストメニューから［ターミナルでPythonファイルを実行する］を選択します❷。
ファイルが実行されて、「ファイルを保存しました。」というメッセージが表示されます。

❶右クリック
❷選択する

```
PS C:\3step> & C:/Users/nami-/AppData/Local/Programs/Python/
Python313/python.exe c:/3step/0804/write.py
ファイルを保存しました。
```

3 ファイルの中身を確認する

サンプルが正しく実行できたら、0804フォルダーにhoge.txtというファイルができているはずです。［エクスプローラー］ペインからhoge.txtをダブルクリックして、開いてください。右のように、ファイルにサンプルを実行した時の日時が記録されていることが確認できます。

8-4 テキストファイルに文字列を書き込む　231

理解｜ファイルにデータを書き込む方法を理解する

ファイルを開く

Pythonからファイルを操作するには、まず、目的のファイルを開かなければなりません。棚にさしていたファイルを取り出し、読み書きできるように机の上に開くようなイメージです。これを行うのが、open関数です。

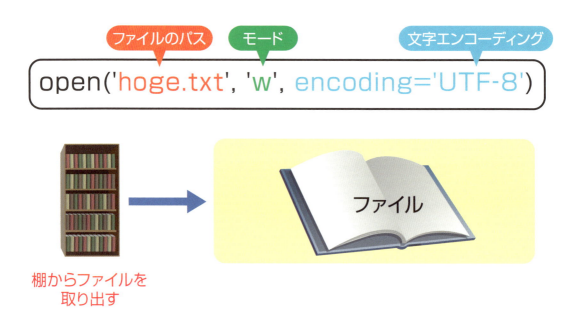

「モード」は、ファイルに対してどのような操作が可能かを決めるものです。「w」はwriteの意味で、書き込みが可能、という意味です。指定されたファイルが存在しない場合、新しく空のファイルが作成されます。

また、「文字エンコーディング」には、ファイルの書き込みに利用する文字エンコーディングを指定します。デフォルトはシステム標準となります。ただし、実行する環境によって文字エンコーディングが変化するのは望ましくないので、一般的には明示的に宣言しておくべきです。

COLUMN　ファイルのパス

open関数のパスは、カレントフォルダー（3-2）を基点としたパスを表します。体験では「0804/hoge.txt」と表しており、pythonコマンドを実行する時のパスは「C:¥3step」なので、最終的には「C:¥3step¥0804¥hoge.txt」が作成されます。

ファイルに値を書き込む

open関数は、ファイルを操作するためにfile型の値（インスタンス）を返します。体験❶の例であれば、変数fileがそれです。file型のインスタンスができてしまえば、あとは、そのwriteメソッドでファイルに文字列を記録できます。

末尾の「\n」はエスケープシーケンスの一種で、改行を表すのでした。

ただし、open関数でモード"w"を指定した場合、ファイルは常にクリアされ、先頭位置から書き込まれます。データを積み上げ式に記録したい場合には、"a"モードを指定してください（「a」はappendの「a」です）。

以下は、体験のコードを"a"モードで置き換えた上で、ファイルを何回か実行した結果です。VSCodeでできたファイルhoge.txtを開くと、複数の日時が並んで記録されていることが確認できます。

8-4　テキストファイルに文字列を書き込む　233

ファイルを閉じる

ファイルを使い終えたら、あとはcloseメソッドでファイルを閉じるだけです。ファイルのクローズとは、開いていたノートを閉じて、元あった棚に戻すこと、とイメージしておけば良いでしょう。
ファイルをクローズした後は、モードに関わらず、ファイルを読み書きすることはできなくなります。

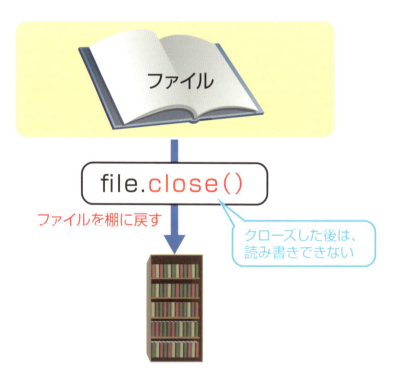

ファイルのクローズは、スクリプトが終了した後に自動的に行われるので、小さなスクリプトでは必ずしも必須というわけではありません。ただし、大きなアプリでの利用を考えても、使ったものを片づける癖を付けておくのは良いことです。

補足：ファイルを自動でクローズする

withブロックを利用することで、ブロック終了時に自動的に閉じられるファイルオブジェクトを生成できます。

▼構文　with命令

```
with open(...) as ファイルオブジェクト：
    ファイルを操作する命令（群）
```

たとえば体験❶のコードをwith命令で書き換えると、以下のようになります。

```
import datetime

with open('0804/hoge.txt', 'w', encoding='UTF-8') as file:
    file.write(str(datetime.datetime.now()) + '\n')
print('ファイルを保存しました。')
```

わずかに1行ですが、ファイルを利用している範囲が明確になりますし、closeメソッドによるファイルの閉じ忘れの心配がなくなります。

= まとめ =

- ▶ファイルを読み書きするには、まず、open関数でファイルを開かなければならない
- ▶ファイルに値を書き込むには、ファイルを"w"、または"a"モードで開く
- ▶ファイルに値を書き込むには、writeメソッドを呼び出す
- ▶使い終わったファイルは、closeメソッドで後始末しなければならない

第8章 基本ライブラリ

5 テキストファイルから文字列を読み込む

完成ファイル | [0805] → [read.py]、[readline.py]、[readline2.py]

予習 ファイルを読み込む方法

ファイルは書き込むばかりではなく、もちろん、読み込むことも可能です。ファイルを読み込む手順は、「ファイルを開く」→「ファイルを操作する（読み込む）」→「ファイルを閉じる」という大まかな流れは、書き込みのそれと同じです。ただし、ファイルを読み取りモードで開かなければならない点だけが異なります。

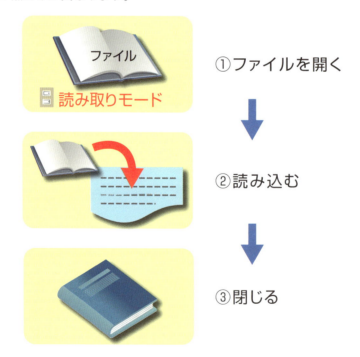

本節では、あらかじめ用意しておいたテキストファイルを読み取り、画面に出力するコードを作成します。同じ処理をいくつかの方法で試すので、それぞれのメリット／デメリットも理解してください。

体験 テキストファイルからデータを読み取る

1 読み取り用のファイルを用意する

スクリプトから読み取るためのテキストファイルは、ダウンロードサンプルで提供しています。**2-3**でダウンロード済みのサンプルから/complete/0805/sample.txtを作業フォルダー0805にコピーしてください。
sample.txtの中身は、VSCodeから確認しておきましょう。

```
01: ただいまWINGSではメンバーを募集中！
02: 一緒に執筆のお仕事をしてみませんか。
03: 興味のある方は、採用担当までご連絡ください。
```

2 ファイルの内容を読み取る

P.59の手順に従って、0805フォルダーに「read.py」という名前でファイルを作成します。エディターが開いたら、右のようにコードを入力します。ファイルを開いて、まとめてテキストを読み込みます❶。
入力を終えたら、 （すべて保存）から保存してください。

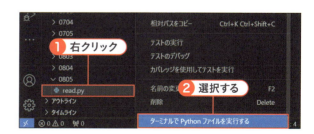

ファイルを作成する

```python
01: file = open('0805/sample.txt', 'r', encoding='UTF-8')
02: data = file.read()
03: file.close()
04: print(data)
```
❶

3 コードを実行する

[エクスプローラー]ペインからファイルを右クリックし❶、表示されたコンテキストメニューから[ターミナルでPythonファイルを実行する]を選択します❷。コードが実行されて、sample.txtの中身が表示されます。

❶ 右クリック
❷ 選択する

```
PS C:\3step> & C:/Users/nami-/AppData/Local/Programs/
Python/Python313/python.exe c:/3step/0805/read.py
ただいまWINGSではメンバーを募集中！
一緒に執筆のお仕事をしてみませんか。
興味のある方は、採用担当までご連絡ください。
```

表示された

8-5 テキストファイルから文字列を読み込む 237

4 ファイルの内容を行単位に読み取る（1）

2と同じように、0805フォルダーに「readline.py」という名前でファイルを作成します。エディターが開いたら、右のようにコードを入力します。

ファイルを開いて行単位に読み込んだものを、リストdataに保存します❶。リストの内容はforブロックで順に出力します❷。

入力を終えたら、🖫（すべて保存）から保存してください。

> **Tips**
> 変数fileに設定したファイルを開く処理は、❶で作成したものと同じです。一から入力するのが面倒であれば、read.pyからコピー＆ペーストしても構いません。

ファイルを作成する

```
01: file = open('0805/sample.txt', 'r', encoding='UTF-8')
02: data = file.readlines()          ❶
03: for line in data:                 ❷
04:     print(line, end='')
05: file.close()
```

5 コードを実行する

3と同じようにreadline.pyを実行します。
3と同じく、sample.txtの中身が表示されます。

```
PS C:\3step> & C:/Users/nami-/AppData/Local/Programs/
Python/Python313/python.exe c:/3step/0805/readline.py
ただいまWINGSではメンバーを募集中！
一緒に執筆のお仕事をしてみませんか。
興味のある方は、採用担当までご連絡ください
```

表示された

6 ファイルの内容を行単位に読み取る(2)

1と同じように、0805フォルダーに「readline2.py」という名前でファイルを作成します。エディターが開いたら、右のようにコードを入力します。

ファイルを開いて❶、その内容をそのままforブロックで順に出力します❷。

入力を終えたら、 (すべて保存)から保存してください。

ファイルを作成する

```python
file = open('0805/sample.txt', 'r', encoding='UTF-8')  ❶
for line in file:
    print(line, end='')                                ❷
file.close()
```

7 コードを実行する

3と同じようにreadline2.pyを実行します。
3と同じく、sample.txtの中身が表示されます。

```
PS C:\3step> & C:/Users/nami-/AppData/Local/Programs/
Python/Python313/python.exe c:/3step/0805/readline2.py
ただいまWINGSではメンバーを募集中!
一緒に執筆のお仕事をしてみませんか。
興味のある方は、採用担当までご連絡ください。
```

表示された

8-5 テキストファイルから文字列を読み込む 239

理解 ファイルからデータを読み込む方法を理解する

ファイルを読み取りモードで開く

ファイルを読み取る場合も、「ファイルを開く」→「ファイルを操作する」→「ファイルを閉じる」という大まかな流れは、書き込みの時と同じです。ただし、open関数でファイルを開く時のモードは、"w" (write) ではなく、"r" (read) とします。ここで、open関数で利用できる主なモードについてもまとめておきましょう。

モード	概要
r	読み込み専用（ファイルが存在しない場合、エラー。デフォルト）
w	書き込み専用（ファイルが存在しない場合、新規に作成）
a	ファイルの末尾に追記（ファイルが存在しない場合、新規に作成）
r+	読み込み／書き込み両用（ファイルが存在しない場合、エラー）
w+	読み込み／書き込み両用（ファイルが存在しない場合、新規に作成）
a+	読み込み／ファイルの末尾に追記両用（ファイルが存在しない場合、新規に作成）

「+」は「r+」「w+」のように、他のモードとセットで利用することで、読み書き両方が可能になります。

ファイル全体を読み取るreadメソッド

テキストファイルの読み取りには、いくつかの方法がありますが、最もシンプルなのがreadメソッドです（体験2）。

▼構文　readメソッド
```
ファイルオブジェクト.read(サイズ)
```

現在のファイルから指定されたサイズだけ、テキストを返します。「サイズ」を省略した場合には、ファイルの末尾までを一気に読み取ります。
体験2では、readメソッドで読み込んだテキストをそのままprint関数で出力しています。

ファイルを行単位で読み取るreadlinesメソッド

readlinesメソッドを利用することで、ファイルを行単位に読み込んで、リストとして返すこともできます。

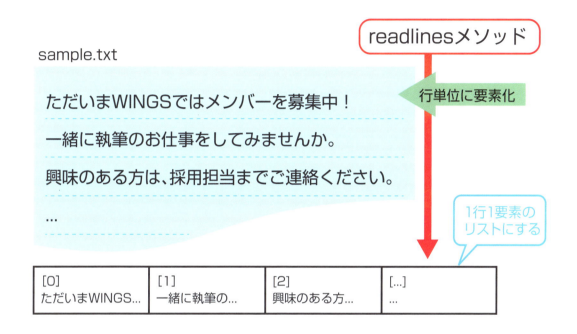

行がリストの要素となるので、読み込んだテキストを加工／整形する場合も便利です。

末尾の改行を除去する

readlinesメソッドでテキストを読み込んだ場合、個々の要素の末尾には改行文字が含まれます。よって、readlinesメソッドの戻り値をprint関数で出力する際には、改行の重複に要注意です。

readlinesメソッドで生成されたリスト

0	ただいまWINGSではメンバーを募集中！⏎
1	一緒に執筆のお仕事をしてみませんか。⏎
2	興味のある方は、採用担当までご連絡ください。⏎
...	...

↓ 順に出力　　各行末尾の改行はそのまま

print(ただいま WINGS ではメンバーを募集中！⏎)

↓ printで出力　　print関数も改行を付与

ただいま WINGS ではメンバーを募集中！⏎⏎

要素の末尾にある改行文字と、print関数が出力する末尾の改行と、結果として2個の改行が出力されてしまうのです。これは望ましい状態でないので、print関数の改行を除去しているのが、体験4の「end=''」です。

引数endは、print関数が末尾に付ける文字を表すので、これを空文字（''）にするということで、print関数は末尾に改行が付かなくなるわけです。

💬 **COLUMN** | **文字列末尾の改行を除去する**

別解として、rstripメソッドを利用しても構いません。rstripメソッドは、文字列（ここでは変数line）の末尾から指定された文字を除去するためのメソッドです。

```
print(line.rstrip('\n'))
```

---

forブロックでファイルオブジェクトを処理する

ファイルオブジェクトをfor命令に渡すことで、ファイルの内容を行単位に読み込むこともできます。

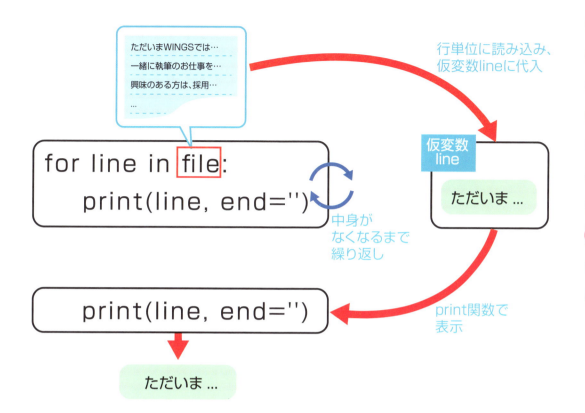

コードを比べると、readlinesメソッドと似ているようにも見えますが、readlinesメソッドはあくまで最初にファイル全体をリストに読み込んでいます。
一方、ファイルオブジェクトをfor命令に渡すこの方法では、ファイルを読み込みながら、処理も順に行っています。まとめてファイルを展開しなくて良い分、メモリーの負担も少なくなります。

まとめ

- ▶ファイルを読み込むには、ファイルを"r"モードで開く
- ▶ファイルから値を読み込むには、read／readlinesメソッドを呼び出す
- ▶ファイルオブジェクトをforブロックに渡すことで、ファイルを行単位に取得できる

第8章 練習問題

●問題1

以下の指示に従って、短いコードをそれぞれ表してみましょう。

1. 文字列txtから2〜4文字目を抜き出す（先頭を0文字目とします）
2. 文字列txtをカンマで分割してリスト化する
3. 「{0}は{1}です。」から「サクラはハムスターです。」という文字列を生成する
4. mathモジュールから明示的にfloor関数をインポートする

●問題2

以下は、今年の6月25日から60日後の日付を求めるコードです。空欄を埋めて、コードを完成させてください。

```
# date.py

  ①    datetime

today = datetime.date.  ②
six = datetime.date(  ③  , 6, 25)
delta =   ④   (days=60)

print(six   ⑤   delta)
```

●問題3

以下は、あらかじめ用意された0805/sample.txtを行単位に読み込み、順に出力するためのコードですが、誤りが3点あります。誤りを指摘して、正しいコードに修正しましょう。

```
# readline.py

file = open('0805/sample.txt', 'w', 'UTF-8')
for line in file:
    print(line)
file.close
```

ユーザー定義関数

9-1 基本的な関数を理解する

9-2 変数の有効範囲を理解する

9-3 引数にデフォルト値を設定する

9-4 関数を別ファイル化する

● 第9章　練習問題

第9章 ユーザー定義関数

1 基本的な関数を理解する

完成ファイル | [0901] → [func.py]

予習 関数とは？

これまでにも触れてきたように、Pythonには標準でさまざまな関数が用意されています。しかし、関数はPythonが用意しているものを使わせてもらうばかりではありません。標準関数ではカバーされていないような、でも定型的な（＝よく使う）処理については、自分で定義することも可能です。このような関数のことを**ユーザー定義関数**と言います。

ユーザー定義関数を利用することで、コードの随所で登場する同じような処理を一か所にまとめられるので、コードを短くできます。のみならず、修正が発生した場合にも関数だけを修正すれば良いので、修正漏れや誤りを防ぎやすくなります。ある程度以上のアプリを開発する場合には、ユーザー定義関数は欠かせないしくみです。

本節では、与えられた底辺、高さから三角形の面積を求めるget_triangle関数を定義してみます。

体験 ユーザー定義関数を定義し、呼び出す

1 関数を定義する

P.59の手順に従って、0901フォルダーに「func.py」という名前でファイルを作成します。エディターが開いたら、右のようにコードを入力します。底辺（base）、高さ（height）を受け取り、その値に基づいて三角形の面積を求めるためのget_triangle関数を定義しています❶。
入力を終えたら、🖫（すべて保存）から保存してください。

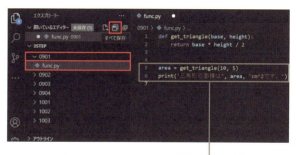

```
01: def get_triangle(base, height):
02:     return base * height / 2
```

2 関数呼び出しのコードを追加する

1で作成したコードに、右のようにコードを追加します。get_triangle関数を呼び出し❶、その結果を表示します❷。
入力を終えたら、🖫（すべて保存）から保存してください。

```
05: area = get_triangle(10, 5)
06: print('三角形の面積は', area, 'cm^2です。')
```

3 コードを実行する

[エクスプローラー]ペインからfunc.pyを右クリックし❶、表示されたコンテキストメニューから[ターミナルでPythonファイルを実行する]を選択します❷。ファイルが実行されて、算出された三角形の面積が表示されることを確認してみましょう。

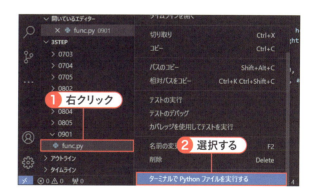

```
PS C:\3step> & C:/Users/nami-/AppData/Local/Programs/Python/Python313/python.exe c:/3step/0901/func.py
三角形の面積は 25.0 cm^2です。
```

表示された

9-1 基本的な関数を理解する

理解 ユーザー定義関数の基本を理解する

ユーザー定義関数を定義する

関数を定義するには、def命令を利用します。

```
def 関数名( 引数1, 引数2, ... ):
    関数の中で行う処理
    return 戻り値
```

- 関数を定義するには**def命令**を使う
- 引数が複数ある場合は、カンマで区切る
- インデント
- 本体は、ブロックとして表す

引数の個数は、関数によって異なります。複数の引数がある場合にはカンマ (,) で区切って列挙しますし、引数がない場合には空の丸カッコだけを書いておきます (カッコそのものを省略することはできません)。

関数の本体は、if／whileなどと同じく、ブロック (インデント) として表します。関数では、受け取った引数を使って、決められた処理を実行します。体験❶の例であれば、底辺 (base)、高さ (height) を使って、三角形の面積を求めます。

関数の結果を呼び出し元に返すのは、return命令の役割です。この例であれば、「base * height / 2」(三角形の面積) を計算し、その結果を返しています。結果 (戻り値) がない場合、return命令は省略しても構いません。

COLUMN　関数の命名規則

関数の名前付けルールは変数（4-2）と同じで、アルファベット小文字と数字、単語の区切りにはアンダースコア（_）を使用します。構文規則ではありませんが、わかりやすさという意味では、「get_triangle」のように「動詞＋名詞」の組み合わせで命名することをお勧めします。

ユーザー定義関数を実行する

ユーザー定義関数を呼び出すには「関数名(引数, ...)」とします。これは、標準の関数とも同じですね。

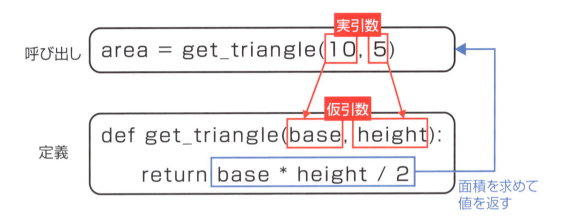

この時、呼び出し側の引数と定義側の引数とを区別して、前者を**実引数**、後者を**仮引数**と呼ぶこともあります。呼び出しに際して、実引数の値は仮引数に代入され、関数の中でアクセスできます。

> ▶ 関数を定義するには、def命令を利用する
> ▶ 関数の結果を呼び出し元に返すのは、return命令の役割である
> ▶ 関数で定義された引数を「仮引数」、関数に渡す引数を「実引数」と呼ぶ

9-1　基本的な関数を理解する　249

第9章 ユーザー定義関数

② 変数の有効範囲を理解する

完成ファイル │ 📁[0902] → 📄[scope.py]

予習　変数の有効範囲とは？

関数を利用するようになると、変数の**スコープ**を意識しないわけにはいかなくなります。スコープとは、その変数にアクセスできる範囲（有効範囲）のことです。

具体的には、Pythonでは関数の外で定義された変数は、そのファイル内のどこからでも参照できます（これを**グローバル変数**と言います）。一方、関数の中で定義された変数のことを**ローカル変数**と言い、関数の中でしか参照できません。

```
def 関数():
    data = 'ローカル変数'    ── ローカル変数の
    ...                        スコープ
                               有効範囲は関数の中

data = 'グローバル変数'     ── グローバル変数の
...                            スコープ
                               有効範囲はファイル全体
```

本節では、関数の内外で同じ名前の変数numを定義し、その値を参照することで、変数のスコープを確認してみます。

体験 変数の有効範囲を確認する

1 関数の内外で同名の変数を定義する

P.59の手順に従って、0902フォルダーに「scope.py」という名前でファイルを作成します。エディターが開いたら、右のようにコードを入力します。test_scopeは、配下で変数numを定義し、これを出力するための関数です❶。また、関数の外でも同じ名前の変数numを定義して❷、出力しています❸。

入力を終えたら、🖫(すべて保存)から保存してください。

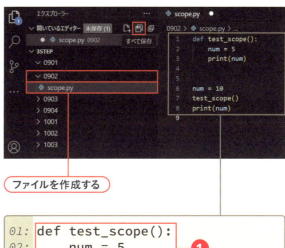

ファイルを作成する

```
01: def test_scope():
02:     num = 5
03:     print(num)
04:
05:
06: num = 10
07: test_scope()
08: print(num)
```

❶ ❷ ❸

2 コードを実行する

[エクスプローラー]ペインからscope.pyを右クリックし❶、表示されたコンテキストメニューから[ターミナルでPythonファイルを実行する]を選択します❷。ファイルが実行されて、❸ではローカル変数numの値が、❹ではグローバル変数numの値が、それぞれ表示されることを確認してみましょう。

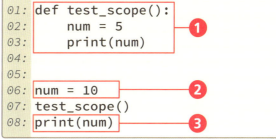

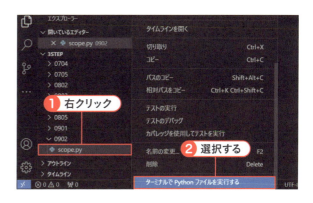

9-2 変数の有効範囲を理解する 251

3 ローカル変数をコメントアウトする

1で作成したコードを、右のように編集します。ローカル変数numを無効化します❶。
編集できたら、🖫(すべて保存)から保存してください。

> **Tips**
> コードをコメント化して無効化することを、コメントアウトと言います。

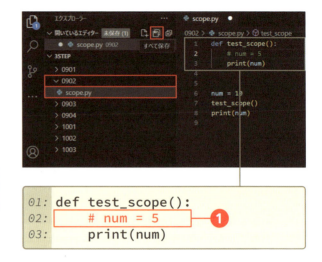

```
01: def test_scope():
02:     # num = 5        ❶
03:     print(num)
```

4 コードを実行する

2と同じようにscope.pyを実行します。❶、❷ともにグローバル変数numの値が表示されることを確認してみましょう。

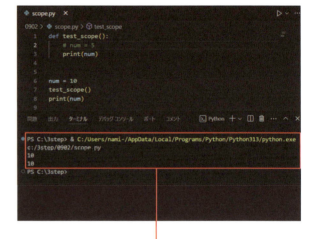

```
PS C:\3step> & C:/Users/nami-/AppData/Local/Programs/
Python/Python313/python.exe c:/3step/0902/scope.py
10   ❶
10   ❷
```

5 グローバル変数を コメントアウトする

3 で作成したコードを、右のように編集します。
ローカル変数numを有効化するとともに❶、グルーバル変数numを無効化します❷。
編集できたら、🗐（すべて保存）から保存してください。

Tips

問題のあるコードなので、8行目のnumに波線が付き、Pylance拡張機能が警告を出しています（波線の上にカーソルを乗せると、問題の詳細を表示してくれます）。ここでは、意図した誤りなので無視して構いません。

```
01: def test_scope():
02:     num = 5          ❶ 有効化
03:     print(num)
04:
05:
06: # num = 10             ❷ 無効化
07: test_scope()
08: print(num)
```

6 コードを実行する

2 と同じようにscope.pyを実行します。❶ではローカル変数の値が表示されますが、❷でエラーが出力されることを確認してみましょう。

```
PS C:\3step> & C:/Users/nami-/AppData/Local/Programs/
Python/Python313/python.exe c:/3step/0902/scope.py
5
Traceback (most recent call last):
  File "c:\3step\0902\scope.py", line 8, in <module>
    print(num)
          ^^^
NameError: name 'num' is not defined. Did you mean: 'sum'?
```

9-2 変数の有効範囲を理解する 253

変数の有効範囲について理解する

スコープの基本

まず、変数のスコープは「変数をどこで宣言したか」によって決まります。

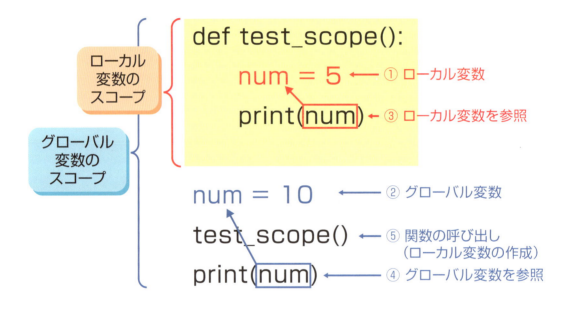

体験①の例であれば、test_scope関数の中で定義された変数num（①）はローカル変数であり、関数の外で定義された変数num（②）はグローバル変数となります。
スコープが異なる場合、名前が同じであっても、それぞれの変数は別ものである点にも注意してください。果たして、③ではローカル変数numの値が返されますし、④ではグローバル変数numの値が返されます。（たとえば）グローバル変数num（②）の値が、関数の呼び出し（⑤）によって上書きされる（＝10が5になる）ということはありません。

存在しないローカル変数を参照した時

体験3のケースです。関数の中で指定したローカル変数が存在しない場合、自動的にグローバル変数にアクセスします。

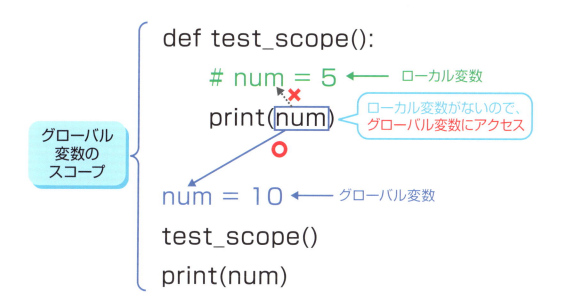

グローバル変数は、関数の中でも有効なのです。体験1で関数の中からグローバル変数が見えなくなっていたのは、あくまで「同名のローカル変数によってグローバル変数が一時的に見えなくなっていたから」にすぎません。

COLUMN UnboundLocalError とは?

ただし、体験3の例で、以下のようにした場合にはUnboundLocalError（ローカル変数が初期化されていない）のようなエラーが発生します。

```
def test_scope():
    # num = 5
    print(num)      ②
    num = 13        ①
```

というのも、関数の中で変数numに代入したことで（①）、ローカル変数numができたことになります。そして、ローカル変数はその関数の配下すべてで有効になります。つまり、この例であれば、②で参照している変数numも（グローバル変数ではなく）ローカル変数となってしまうのです。しかし、②の時点ではまだローカル変数numに値は割り当てられていないので、「初期化されていないよ！」と怒られているのです。

このようなエラーを防ぐには、以下のようにglobal命令を利用します。

```
def test_scope():
    # num = 5
    global num
    print(num)      ③
    num = 13        ④
```

これで「関数の中の変数numはグローバル変数」という意味になります。結果、③はグローバル変数numを参照し、④はグローバル変数numに代入することになります。

存在しないグローバル変数を参照した場合

体験5のケースです。指定したグローバル変数が存在しない場合、「NameError: name 'num' is not defined（numという変数は存在しません）」のようなエラーが発生します。

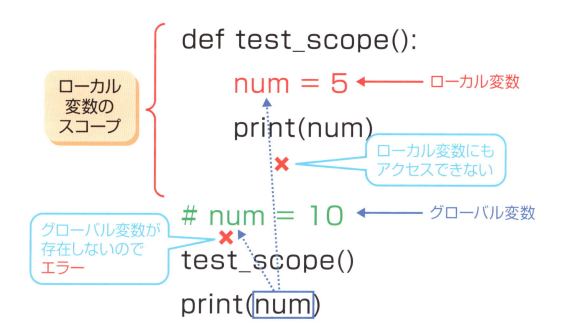

体験3と異なり、ローカル変数numは関数の中でのみ有効なので、関数の外からは参照できない点に、改めて注目してください。

> ▶変数のスコープは、どこで変数を宣言したかによって決まる
> ▶ローカル変数は、関数の中でのみアクセスできる
> ▶関数の中で存在しないローカル変数を参照した場合には、グローバル変数にアクセスしようとする

第9章 ユーザー定義関数

3 引数にデフォルト値を設定する

完成ファイル [0903] → [func.py]

予習 引数のデフォルト値とは？

関数の引数には、デフォルト値を設定しておくこともできます。デフォルト値とは、関数を呼び出す際に、引数を省略した場合、既定で割り当てられる値のことです。言い換えれば、デフォルト値が指定された引数は、呼び出し時に省略できることを意味します（さもなければ、すべての引数は必須と見なされます）。

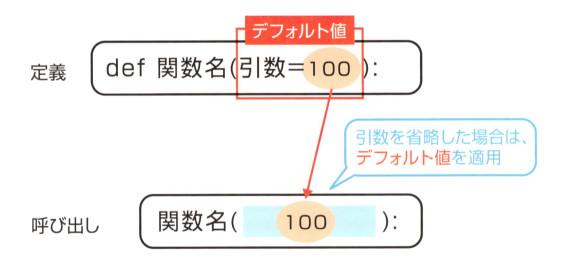

ここでは、**9-1**で作成したget_triangle関数を書き換えて、底辺（base）、高さ（height）ともに、デフォルト値として1を設定してみます。
また、デフォルト値と関連して、呼び出し時に引数の名前も明示する**キーワード引数**についても合わせて解説します。

体験 引数にデフォルト値を設定する

1 ファイルをコピーする

VSCodeのエクスプローラーから0901フォルダーのfunc.pyを右クリックし①、表示されたコンテキストメニューから[コピー]を選択します②。

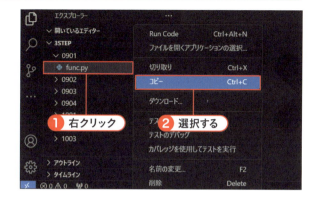

2 貼り付ける

0903フォルダーを右クリックして①、表示されたコンテキストメニューから[貼り付け]を選択します②。

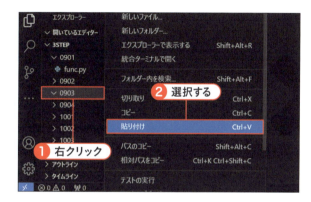

3 呼び出し時の引数を省略する

②で貼り付けしたファイルを開いて、右のように編集します。get_triangle関数を引数を指定せずに呼び出すようにします①。
入力を終えたら、🗐（すべて保存）から保存してください。

Tips
問題のあるコードなので、5行目のget_triangle()に波線が付き、Pylance拡張機能が警告を出しています（波線の上にカーソルを乗せると、問題の詳細を表示してくれます）。ここでは、意図した誤りなので無視して構いません。

```
01: def get_triangle(base, height):
02:     return base * height / 2
03:
04:
05: area = get_triangle()
06: print('三角形の面積は', area, 'cm^2です。')
```

9-3 引数にデフォルト値を設定する　259

4 コードを実行する

[エクスプローラー] ペインからfunc.pyを右クリックし❶、表示されたコンテキストメニューから[ターミナルでPythonファイルを実行する]を選択します❷。ファイルが実行されて、「TypeError: get_triangle() missing 2 required positional arguments: 'base' and 'height'」（引数が不足している）というエラーが表示されることを確認してみましょう。

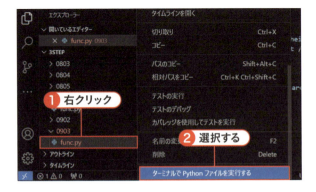

> **Tips**
> get_triangle関数の引数base／heightはいずれもデフォルト値を持たないので、必須（＝省略できない）と見なされます。

```
PS C:\3step> & C:/Users/nami-/AppData/Local/Programs/Python/Python313/python.exe c:/3step/0903/func.py
Traceback (most recent call last):
  File "c:\3step\0903\func.py", line 5, in <module>
    area = get_triangle()
TypeError: get_triangle() missing 2 required positional arguments: 'base' and 'height'
```
表示された

5 引数のデフォルト値を設定する

❸で作成したコードを、右のように編集します。引数base／heightそれぞれにデフォルト値として1を設定しています❶。
編集できたら、■（すべて保存）から保存してください。

```
01: def get_triangle(base=1, height=1):
02:     return base * height / 2
```
❶

260　第9章　ユーザー定義関数

6 コードを実行する

4と同じようにfunc.pyを実行します。ファイルが実行されて、「三角形の面積は 0.5 cm^2です」と表示され、デフォルト値が適用されていることを確認してみましょう。

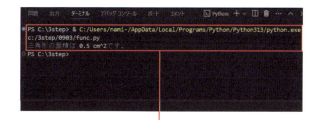

```
PS C:\3step> & C:/Users/nami-/AppData/Local/Programs/
Python/Python313/python.exe c:/3step/0903/func.py
三角形の面積は 0.5 cm^2です
```
表示された

7 キーワード引数を利用する

5で作成したコードを、右のように編集します。引数heightだけを名前を明示して呼び出します❶。
編集できたら、■(すべて保存)から保存してください。

```
05: area = get_triangle(height=6)      ❶
06: print('三角形の面積は', area, 'cm^2です。')
```

8 コードを実行する

4と同じようにfunc.pyを実行します。ファイルが実行されて、「三角形の面積は 3.0 cm^2です」という結果が得られ、引数heightが認識されていること、引数baseにはデフォルト値が適用されていることを確認してみましょう。

```
PS C:\3step> & C:/Users/nami-/AppData/Local/Programs/
Python/Python313/python.exe c:/3step/0903/func.py
三角形の面積は 3.0 cm^2です。
```
表示された

9-3 引数にデフォルト値を設定する

理解 引数のデフォルト値を設定する方法を理解する

引数のデフォルト値

引数にデフォルト値を設定するには、「仮引数=デフォルト値」のように、仮引数の後ろにデフォルト値を設定するだけです。

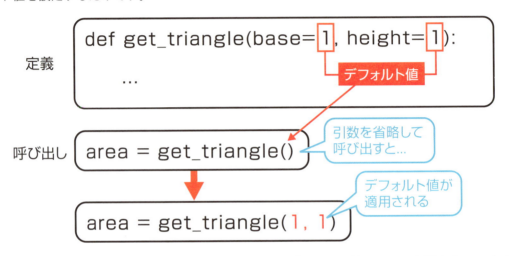

体験5では、引数base／heightに対して、それぞれデフォルト値として1を設定しています。果たして、体験6でbase／heightを省略して関数を呼び出すと、デフォルト値が割り当てられ、確かに「1×1÷2」で0.5という結果が得られます。引数heightだけを省略して、以下のように表すことも可能です。この場合は「10×1÷2」で、結果は5.0となります。

```
area = get_triangle(10)
```

引数を省略する場合の注意点

前方の引数baseだけを省略することはできません。省略できるのは、あくまで後ろの引数だけです。たとえば引数baseを省略したつもりで、

```
area = get_triangle(5)
```

としても、

```
area = get_triangle(1, 5)
```

と見なされることはありません。引数heightが省略された

```
area = get_triangle(5, 1)
```

と見なされるので、注意してください。

同じ理由から、仮引数でデフォルト値を指定する場合、それより後ろに省略不可な引数（＝デフォルト値を持たない引数）は指定できません。したがって、次のようなコードはエラーとなります。

> 前の引数にしかデフォルト値がないので**エラー！**

def get_triangle(base=1, height):

...

キーワード引数を利用する

関数を呼び出す時に「仮引数名＝値」のように、名前を連れ立って、引数を記述することもできます。これを**キーワード引数**と言います。

8-4でも、open関数のencoding引数を指定するのに利用したことを、覚えているでしょうか。

> 仮引数名＝値

file = open('sample.txt', 'r', encoding='UTF-8')

> **キーワード引数**

キーワード引数を利用することで、以下のようなメリットがあります。

1. 引数の意味が見た目にも把握しやすい
2. 必要な引数だけをスマートに表現できる
3. 引数の順序を呼び出し側で自由に変更できる

たとえば、get_triangle関数の例でも、キーワード引数を使えば、以下のような呼び出しが可能になります。

9-3　引数にデフォルト値を設定する　　263

```
area = get_triangle(height=5)
```

baseだけを省略

```
area = get_triangle(height=5, base=2)
```

height→baseの順で指定

名前を明示する分、コードが冗長になるというデメリットもありますが、

・そもそも引数の数が多い
・省略可能な引数が多く、省略パターンにもさまざまな組み合わせがある

ようなケースでは有効な記法です。

COLUMN open関数の場合

たとえばopen関数であれば、以下のようにたくさんの引数が用意されています（それぞれの意味はわからなくても構いません）。

```
open(file, mode='r', buffering=-1, encoding=None,
errors=None, newline=None, closefd=True, opener=None)
```

もしもキーワード引数を使わずに、encoding引数を指定しようとしたら、以下のように不要な引数（ここではmode、bufferingに対応する値）も指定しなければなりません。

```
open('test.txt', 'r', 10, 'UTF-8')
```

キーワード引数の使い方（定義側）

キーワード引数を利用するにあたって、関数側では特別な準備はいりません。関数で定義された仮引数が、そのまま呼び出し側の名前になるからです。

ただし、キーワード引数を使うということは、これまでローカル変数に過ぎなかった仮引数が、呼び出しのためのキーの一部になるということです。より一層、わかりやすい命名を心掛ける

とともに、

名前の変更は呼び出し側にも影響する可能性がある

ことを心に留めておきましょう。

COLUMN　普通の引数とキーワード引数の混在

普通の（名前なしの）引数とキーワード引数とを混在させることもできます。ただし、その場合には、キーワード引数は普通の引数の後方になるように置かなければなりません。

○　`area = get_triangle(10, height=5)`
×　`area = get_triangle(base=10, 5)` ← キーワード引数が前にあるのは不可

まとめ

- ▶「仮引数名＝値」の形式で、引数にデフォルト値を設定できる
- ▶デフォルト値を持つ引数は、呼び出しに際しても省略可能である
- ▶仮引数でデフォルト値を指定する場合、それより後ろに省略不可な引数は指定できない
- ▶呼び出し時にも「仮引数名＝値」のように名前を明示して引数を指定できる

第9章 ユーザー定義関数

4 関数を別ファイル化する

完成ファイル │ [0904] → [area.py]、[area_client.py]

予習 関数の別ファイル化

ユーザー定義関数は、何度も利用するような処理をまとめている、という性質上、特定のファイルでだけ利用する、というものではありません。一般的には、別のファイルとして保存しておいて、複数のファイルから取り込んで利用するのが普通です。

このようなしくみを提供するのが、モジュールです。モジュールについては既に **8-2** でも触れていますが、Python標準で用意されたモジュールを利用するばかりではありません。自分でモジュールを用意することも可能です。関数や（後述する）クラスは、積極的にモジュール化しておくことで、アプリの中でも再利用しやすくなります。

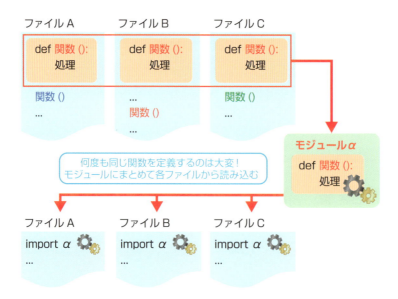

本節では、半径radiusから円の面積を求めるget_circle関数をareaモジュールとして定義し、これを呼び出す例を紹介します。

体験 モジュールを定義し、呼び出す

1 areaモジュールを定義する

P.59の手順に従って、0904フォルダーに「area.py」という名前でファイルを作成します。エディターが開いたら、右のようにコードを入力します。引数として半径（radius）を受け取り、その値に基づいて円の面積を求めるためのget_circle関数です❶。

入力を終えたら、🖫（すべて保存）から保存してください。

```
01: import math
02:
03:
04: def get_circle(radius=1):
05:     return radius * radius * math.pi
```
❶

2 areaモジュールを呼び出す

❶と同じように、0904フォルダーに「area_client.py」という名前でファイルを作成します。エディターが開いたら、右のようにコードを入力します。areaモジュールをインポートして❶、そのget_circle関数を呼び出します❷。

入力を終えたら、🖫（すべて保存）から保存してください。

```
01: import area          ❶
02:
03: print('円の面積は', area.get_circle(5), 'cm^2です。')
```
❷

9-4 関数を別ファイル化する 267

3 コードを実行する

[エクスプローラー]ペインからarea_client.pyを右クリックし❶、表示されたコンテキストメニューから[ターミナルでPythonファイルを実行する]を選択します❷。ファイルが実行されて、算出された円の面積が表示されることを確認してみましょう。

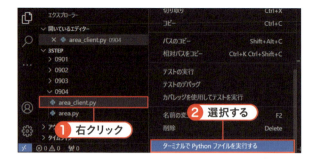

> **Tips**
> area_client.pyを実行すると、0904フォルダーの配下に__pycache__という名前でフォルダーが作成されます。これはモジュールをコンパイルした結果を保存するためのフォルダーで、次回以降のコード実行を高速化するのに役立ちます。

```
PS C:\3step> & C:/Users/nami-/AppData/Local/Programs/
Python/Python313/python.exe c:/3step/0904/area_client.py
円の面積は 78.53981633974483 cm^2です。  表示された
```

4 動作確認用のコードを準備する

❶で作成したコードに、右のようにコードを追加します❶。このコードは、モジュールが直接呼び出された時にだけ実行されます。

```
area.py
0904 > area.py >
 1  import math
 2
 3
 4  def get_circle(radius=1):
 5      return radius * radius * math.pi
 6
 7
 8  if __name__ == "__main__":
 9      print(get_circle(10), 'cm^2')
10      print(get_circle(7), 'cm^2')
11
```

```
08: if __name__ == "__main__":
09:     print(get_circle(10), 'cm^2')
10:     print(get_circle(7), 'cm^2')
```

268 第9章 ユーザー定義関数

5 コードを実行する

3と同じようにarea_client.pyを実行します。結果も3と変化がないことを確認してください。

```
PS C:\3step> & C:/Users/nami-/AppData/Local/Programs/
Python/Python313/python.exe c:/3step/0904/area_client.py
円の面積は 78.53981633974483 cm^2です。
```
表示された

6 コードを実行する

3と同じようにarea.pyを実行します。4で追加したコードが実行され、「314.1592653589793 cm^2」「153.93804002589985 cm^2」という結果が得られることを確認してください。

```
PS C:\3step> & C:/Users/nami-/AppData/Local/Programs/
Python/Python313/python.exe c:/3step/0904/area.py
314.1592653589793 cm^2
153.93804002589985 cm^2
```
表示された

9-4 関数を別ファイル化する 269

理解 モジュールの基本を理解する

モジュールを定義する

モジュールと言っても、これまで見てきたスクリプトファイルと同じです。拡張子を「.py」として、ファイルを保存するだけです。

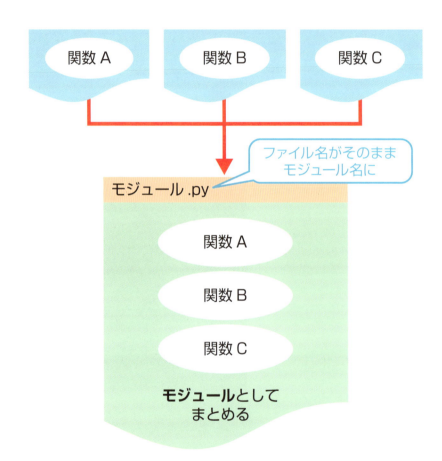

モジュール名は、ファイル名から拡張子「.py」を除いたものになります。よって、area.pyではareaモジュールを定義したことになります。

ここでは、areaモジュールでget_circle関数を1つだけ定義していますが、もちろん、1つのモジュールに複数の関数を定義しても構いません。

モジュールの検索先

import命令は、モジュール名を以下の検索パスから検索します。

1. 呼び出されたスクリプトのあるフォルダー
2. 環境変数PYTHONPATHで指定されたパス
3. Pythonがインストールされた環境ごとに決まるデフォルトのフォルダー

この例であれば、1.に従ってarea_client.pyが置かれたのと同じフォルダーからarea.pyを検索しています。

2.の**環境変数**とは、コンピューターごとに設定できる変数のことです。
Windows 11であれば、スタートボタン横の検索ボックスに「システム環境変数の編集」と入力して検索し❶、［システム環境変数の編集］をクリックして❷、［システムのプロパティ］画面を開きます。

［環境変数...］ボタンをクリックすると❸、環境変数の編集画面が開くので、画面下側の［システム環境変数］欄の［新規...］ボタンをクリックします❹。［新しいシステム変数］画面が開き、環境変数PYTHONPATHを設定できます。複数のフォルダーを設定するならば、パスを「;」で区切ってください❺。なお、環境変数を設定後は、［OK］ボタンをクリックし❻、いったん、VSCodeを再起動して、設定を反映させてください。

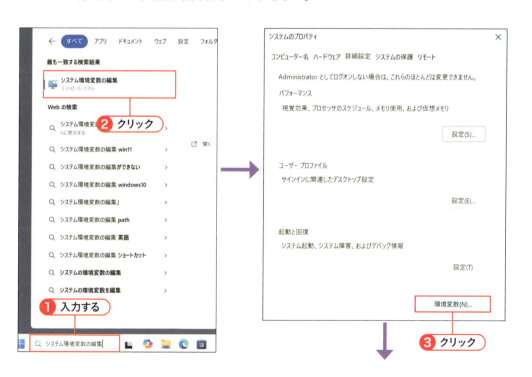

9-4 関数を別ファイル化する 271

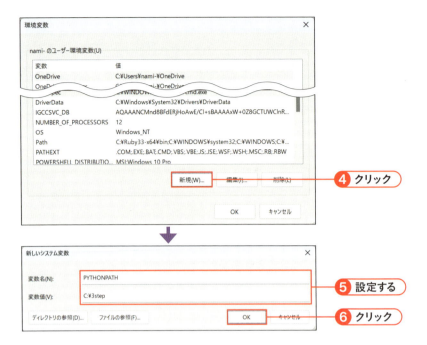

モジュールにテストコードを加える

体験❹のコードに注目してください。

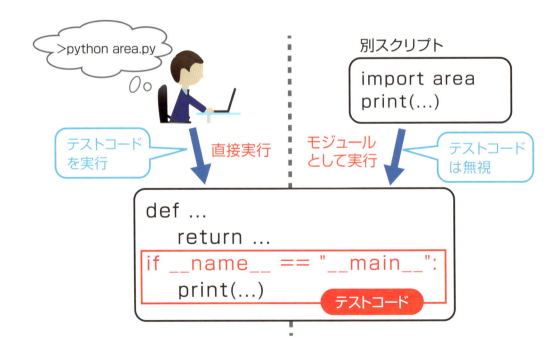

変数__name__（前後はアンダースコアが2個です）はPythonで用意された特別な変数で、モジュールとして呼び出された場合にはモジュールの名前が、スクリプトとして直接呼び出された場合には「__main__」という値が保存されます。

ここでは、変数__name__が「__main__」である場合に（＝直接呼び出された時に）だけ実行するコードを定義しているわけです。このブロックには、モジュールの動作を確認するためのコードを書いておくことで、いわゆるテストコードとすることができます。

体験❺でも見たように、テストコードはモジュールとして呼ばれた時には実行されません。

▶関数やクラスをファイルとしてまとめることで、モジュールを定義できる
▶「ファイル名.py」で、モジュール「ファイル名」を定義したことになる
▶import命令は、「現在のフォルダー」「PYTHONPATHが示すフォルダー」「環境ごとのデフォルトフォルダー」からモジュールを検索する

第9章 練習問題

●問題1

以下は、台形の面積を求める get_trapezoid 関数と、これを呼び出すためのコードです。コードが満たすべき条件は、次の通りです。

・引数は、upper（上辺）、lower（下辺）、height（高さ）
・引数のデフォルト値はすべて10
・呼び出しのコードでは上辺2、下辺10、高さ3の台形を求める

空欄を埋めて、コードを完成させてください。

```python
# trapezoid.py

  ①   get_trapezoid(upper   ②  , lower   ②  , height   ②  ):
      ③   (upper + lower) * height / 2


print('台形の面積は',   ④  (   ⑤   2,   ⑥   3))
```

●問題2

以下のコードが実行された時、それぞれ①、②はどのような結果を得られるでしょうか。また、赤字のコードを削除した時の結果も答えてみましょう。

```python
# scope.py

def test_scope():
    data = 'hoge'
    print(data)


data = 'foo'
test_scope()    ①
print(data)     ②
```

クラス

10-1 基本的なクラスを理解する

10-2 クラスにメソッドを追加する

10-3 クラスの機能を引き継ぐ

10-4 Pythonで型を宣言する

◉第10章　練習問題

第10章 クラス

1 基本的なクラスを理解する

完成ファイル │ [1001] → [myclass.py]、[class_client.py]

予習 クラスとは？

これまでにも int（整数）、str（文字列）から date（日付）、time（時刻）、file（ファイル）など、Python標準で用意されたさまざまな型（クラス）を扱ってきました。このような型（クラス）は、お仕着せで用意されたものばかりではなく、自分で定義することもできます。

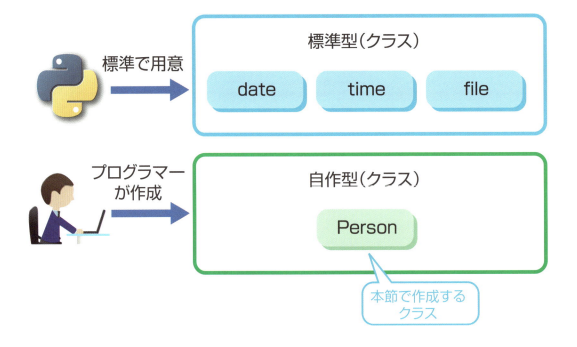

本章では、シンプルなクラスの例として、名前（name）、身長（height）、体重（weight）といったインスタンス変数を持ったPersonクラスを定義してみます。

体験 クラスを定義する

1 空のクラスを定義する

P.59の手順に従って、1001フォルダーに「myclass.py」という名前でファイルを作成します。エディターが開いたら、右のようにコードを入力します。Personという名前の空のクラスです❶。

入力を終えたら、🖫（すべて保存）から保存してください。

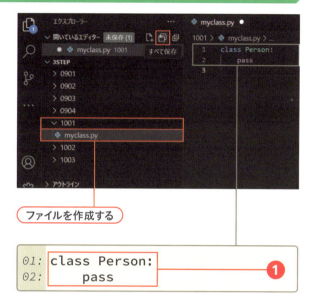

ファイルを作成する

```
01: class Person:
02:     pass
```
❶

2 Personクラスをインスタンス化する

1と同じように、1001フォルダーに「class_client.py」という名前でファイルを作成します。エディターが開いたら、右のようにコードを入力します。Personクラスをインスタンス化し❶、そのまま出力しています❷。

入力を終えたら、🖫（すべて保存）から保存してください。

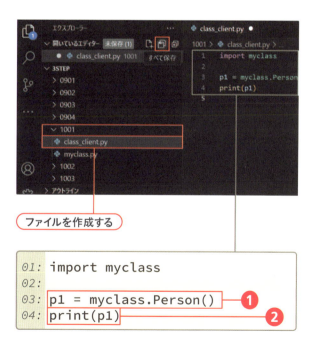

ファイルを作成する

```
01: import myclass
02:
03: p1 = myclass.Person()
04: print(p1)
```
❶ ❷

10-1 基本的なクラスを理解する 277

3 コードを実行する

[エクスプローラー] ペインから class_client.py を右クリックし ❶、表示されたコンテキストメニューから [ターミナルでPythonファイルを実行する] を選択します ❷。ファイルが実行されて、「<myclass.Person object at 0x000001 DDDA6E6A50>」のようなメッセージが表示されることを確認してみましょう（数値は都度異なる可能性があります）。

Tips

class_client.pyを実行すると、1001 フォルダーの配下に __pycache__ という名前でフォルダーが作成されます。これはモジュールをコンパイルした結果を保存するためのフォルダーで、次回以降のコード実行を高速化するのに役立ちます。

4 Person クラスにインスタンス変数を追加する

❶で作成したコードを、右のように編集します。Person クラスに初期化メソッドを追加し ❶、その中で名前 (name)、身長 (height)、weight (体重) といったインスタンス変数を追加しています ❷。
編集できたら、🖫 (すべて保存) から保存してください。

```
01: class Person:
02:     def __init__(self, name, height, weight):
03:         self.name = name
04:         self.height = height
05:         self.weight = weight
```

278 第10章 クラス

5 インスタンス変数を参照する

2で作成したコードを、右のように編集します。Personクラスをインスタンス化し❶、インスタンス変数height、weightからBMI値を求めます❷。

編集できたら、🖫（すべて保存）から保存してください。

```
01: import myclass
02:
03: p1 = myclass.Person('サクラ', 1.21, 23)      ❶
04: bmi1 = p1.weight / (p1.height * p1.height)    ❷
05: print(p1.name, 'のBMI値は', bmi1, 'です。')
06:
07: p2 = myclass.Person('キラ', 1.35, 30)         ❶
08: bmi2 = p2.weight / (p2.height * p2.height)    ❷
09: print(p2.name, 'のBMI値は', bmi2, 'です。')
```

6 コードを実行する

3と同じようにファイルを実行します。「サクラの〜」「キラの〜」というメッセージが表示されることを確認してみましょう。

```
PS C:\3step> & C:/Users/nami-/AppData/Local/Programs/
Python/Python313/python.exe c:/3step/1001/class_client.py
サクラ のBMI値は 15.709309473396626 です。
キラ のBMI値は 16.46090534979424 です。
```

表示された

10-1 基本的なクラスを理解する 279

理解 クラスの基本を理解する

クラスの基本

クラスを定義する、基本的な構文は、以下の通りです。

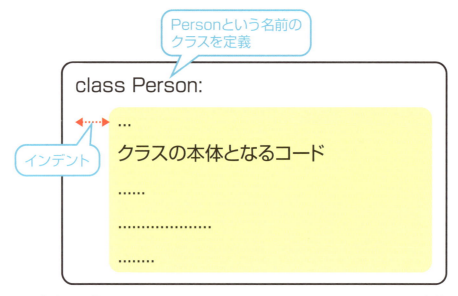

まず、クラス（型）を定義しているのが、class命令です。class命令には、クラスの名前とブロックを表すコロン（:）を指定するだけです。

名前を付けるためのルールは、これまでにも見てきた変数／関数と似ていますが、**大文字はじまりの、単語の区切りも（アンダースコアではなく）大文字で表す**のが慣例的です。たとえば、MyPerson、SampleClassなどは、妥当なクラスの名前です。

体験❶ではPersonという名前のクラスを定義し、クラスの本体では「pass」という命令を呼び出しています。「pass」は「なにもしない」という意味です。それ自体は意味がありませんが、空のブロックであることを表すためによく利用するので覚えておくと良いでしょう（classブロックの配下は省略できないので、このように「なにもしない」命令を仮に置いておくわけです）。

一般的には、現在、「pass」と書いている部分に、メソッドなどを追加して、クラスに機能を与えていきます。

クラスをモジュール化する

9-4でも触れたように、モジュールに含められるのは関数ばかりではありません。クラスをモジュールにまとめることもできます。

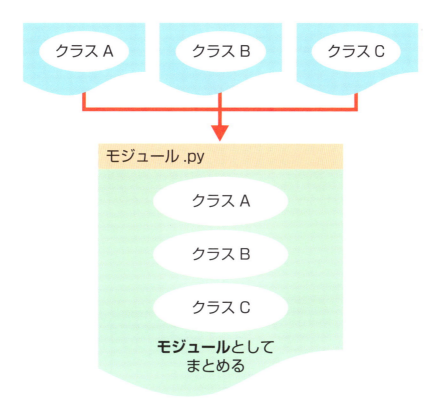

体験❶の例であれば、myclassモジュールのPersonクラスを定義したことになります。モジュール配下のクラスをインスタンス化するには、クラス名に「モジュール名」を冠して、

モジュール名.クラス名(引数,...)

のように表します（8-3のdateクラスをインスタンス化する例も思い出してみましょう）。

10-1 基本的なクラスを理解する 281

体験2の時点では、まだPersonに中身はありませんので、引数も空です。しかし、Person型のインスタンス（オブジェクト）ができていることは、体験3の結果からも見て取れますね（myclass.Personは、myclassモジュールのPersonオブジェクト、という意味です）。

インスタンス変数とは？

もっとも、中身が空のままでは、インスタンスを生成できると言っても、実質的にクラスとしての意味はありません。そこで、体験4では、Personというクラスにインスタンス変数を追加してみます。

インスタンス変数とは、名前の通り、インスタンスに属する変数のこと。インスタンス変数を利用することで、ようやくインスタンスが互いに意味のある値を持つようになります。

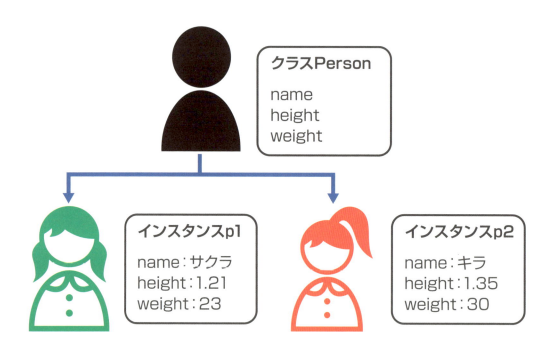

体験5、6でも、Person型のインスタンスp1、p2を作成すると、互いのインスタンス変数も区別され、それぞれの値に応じたBMI値が算出されていることが確認できます。

インスタンス変数と初期化メソッド

インスタンス変数を定義するのは、初期化メソッドの役割です。初期化メソッドとは、クラスをインスタンス化する際に呼び出される特別なメソッドです。
（たとえば）dateクラスをインスタンス化するならば、「birth = datetime.date(2024, 6, 25)」のようなコードを書くのでした（8-3）。これは、内部的にはdateクラスで用意されていた初期化メソッドを呼び出していたわけです。

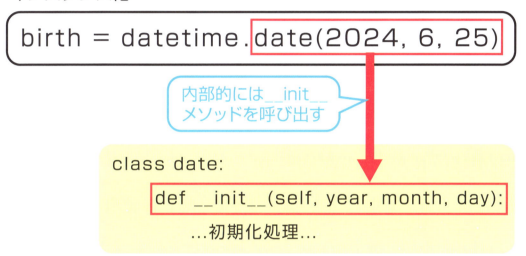

初期化メソッドの名前は、__init__（前後のアンダースコアは2個ずつ）で固定です。また、引数の先頭には、

self（生成するオブジェクト）を渡さなければならない

点に注意してください。2個目以降の引数が、呼び出し元から渡すべき、本来の引数です。
あとは、変数selfをキーに、以下の形式で、インスタンス変数を生成していきます。体験4では、name（名前）、height（身長）、weight（体重）というインスタンス変数を生成しているわけですね。

▼構文　インスタンス変数

```
self.インスタンス変数名 = 値
```

ここではインスタンス変数の値として、同名の引数を渡していますが（たとえばインスタンス変数heightは引数heightで渡す）、もちろん、名前は互いに違っていても構いません。

COLUMN　クラス変数

インスタンス変数は、名前の通り、インスタンスごとに独立した変数です（体験でも見たように、インスタンスp1のnameと、p2のnameとは異なるものでした）。一方、クラスに属する変数（すべてのインスタンスで共有できる変数）もあります。これをクラス変数と言います。

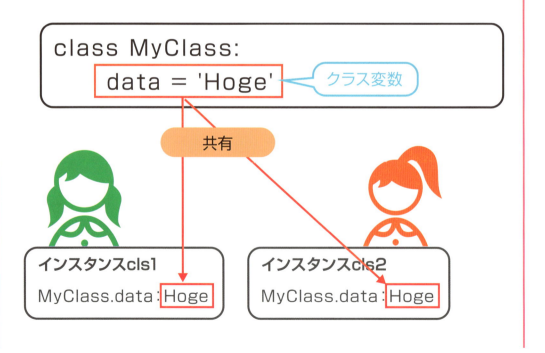

クラス変数を定義するには、classブロックの配下で、変数を定義するだけです❶。

```python
class MyClass:
    data = 'Hoge'
```
❶ クラス変数を定義

```python
cls1 = MyClass()
cls2 = MyClass()
MyClass.data = 'Piyo'
```
❷ クラス変数を変更

```python
print(cls1.data)
print(cls2.data)
```
❸ 結果：Piyo

```python
print(MyClass.data)
```
❹ 結果：Piyo

果たして、dataを変更すると❷、インスタンスcls1、cls2両方に、その変更が反映されていることが確認できます❸。

また、ここでは便宜上、「インスタンス.変数名」でアクセスしていますが、クラス変数は「クラス名.変数名」でアクセスするのが一般的です❹。

📍 まとめ

- ▶ **クラス（型）は、class命令で定義する**
- ▶ **空のブロックを表すには、「なにもしない」ことを表すpass命令を呼び出す**
- ▶ **インスタンス化に際しては、初期化メソッドが呼び出される**
- ▶ **初期化メソッドの名前は「__init__」で固定である**
- ▶ **初期化メソッドの引数は、先頭にself（オブジェクト）を受け取る**
- ▶ **モジュール内で定義したクラスは「モジュール名.クラス名(...)」でインスタンス化する**

10-1 基本的なクラスを理解する 285

第10章 クラス

2 クラスにメソッドを追加する

完成ファイル | [1002] → [myclass.py]、[class_client.py]

予習　インスタンス変数の処理はメソッドでまとめる

10-1では、Personクラスと、これに属するインスタンス変数としてname（名前）、height（身長）、weight（体重）を用意しました。これを、呼び出し側で演算／整形して「サクラ のBMI値は 15.709309473396626 です」のような結果を出力していたわけですが、同じようなコードを繰り返し記述するのは無駄なことです。

このようなクラス（型）に関わる共通的な処理は、メソッドとしてクラスにまとめることをお勧めします。関連するデータと機能とをひとまとめに管理できるのが、クラスを定義する意味なのです。

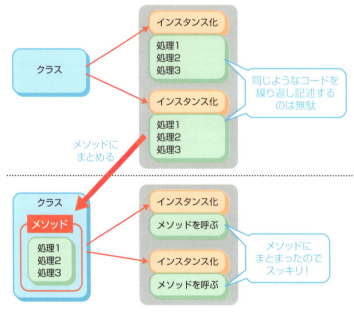

ここでは、**10-1**で定義したPersonクラスを改良して、インスタンス変数からBMI値を求めるbmiメソッドを追加してみます。

体験 クラスにメソッドを追加する

1 ファイルをコピーする

VSCodeのエクスプローラーから1001フォルダーの「myclass.py」を右クリックし❶、表示されたコンテキストメニューから[コピー]を選択します❷。

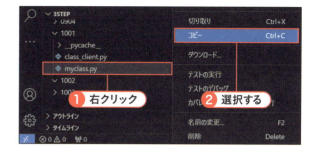

2 貼り付ける

1002フォルダーを右クリックし❶、表示されたコンテキストメニューから[貼り付け]を選択します❷。

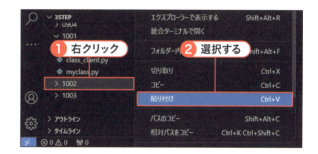

3 bmiメソッドを追加する

❶でコピーしたファイルを開いて、右のように編集します。Personクラスに対して、bmiメソッドを追加します❶。
編集できたら、🗎（すべて保存）から保存してください。

```
01: class Person:
02:     def __init__(self, name, height, weight):
03:         self.name = name
04:         self.height = height
05:         self.weight = weight
06:
07:     def bmi(self):
08:         result = self.weight / (self.height * self.height)
09:         print(self.name, 'のBMI値は', result, 'です。')
```

10-2 クラスにメソッドを追加する

4 bmiメソッドを呼び出す

P.59の手順に従って、1002フォルダーに「class_client.py」という名前でファイルを作成します。エディターが開いたら、右のようにコードを入力します。それぞれ、Personクラスをインスタンス化し❶、bmiメソッドを呼び出しています❷。

入力を終えたら、■（すべて保存）から保存してください。

ファイルを作成する

```
01: import myclass
02:
03: p1 = myclass.Person('サクラ', 1.21, 23)   ❶
04: p1.bmi()                                   ❷
05:
06: p2 = myclass.Person('キラ', 1.35, 30)     ❶
07: p2.bmi()                                   ❷
```

5 コードを実行する

［エクスプローラー］ペインからclass_client.pyを右クリックし❶、表示されたコンテキストメニューから［ターミナルでPythonファイルを実行する］を選択します❷。ファイルが実行されて、「サクラの〜」「キラの〜」というメッセージが表示されることを確認してみましょう。

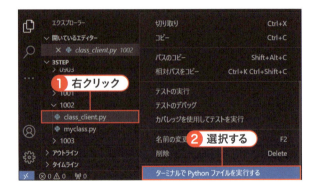

```
PS C:\3step> & C:/Users/nami-/AppData/Local/Programs/
Python/Python313/python.exe c:/3step/1002/class_client.py
サクラ のBMI値は 15.709309473396626 です。
キラ のBMI値は 16.46090534979424 です。
```

表示された

理解 メソッドの定義方法を理解する

クラスにメソッドを追加する

一般的なメソッドも、基本的な構文は初期化メソッド__init__と同じです。第1引数に、インスタンスを表すselfを、第2引数以降にはメソッド独自の引数を、それぞれ引き渡します（bmiメソッドには独自の引数がないので、第2引数以降もありません）。

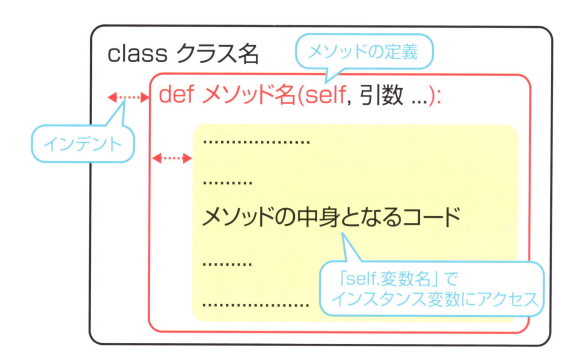

メソッドの中から「self.変数名」の形式で、インスタンス変数にアクセスできるのも__init__メソッドの時と同じです。

COLUMN クラスメソッド

体験で解説したメソッドは、インスタンス経由で呼び出すことを想定していることから、より正確には インスタンスメソッドと呼びます。対して、（インスタンスを作成しなくても）「クラス.メソッド名(...)」の 形式で呼び出せるメソッドのことをクラスメソッドと言います。

たとえば以下は、MyClassクラスに属するクラスメソッドhogeの例です。

```python
class MyClass:
    data = 'ほげ'

    @classmethod
    def hoge(cls):
        print('クラスメソッドを呼び出しました：', cls.data)


MyClass.hoge()      # 結果：クラスメソッドを呼び出しました： ほげ
```

クラスメソッドのポイントは、以下の通りです。

・メソッドの直前に「@classmethod」を追加する
・第1引数として「cls」を渡す（clsはクラスそのもの）

「@...」はデコレーターと呼ばれる構文で、型やメソッドの役割を表すためのしくみです。ほかにも、利 用できるデコレーターはありますが、まずは@classmethodを覚えておけば良いでしょう。

第1引数のclsはクラスそのものを受け取るための引数で、クラス変数（P.284）にアクセスするために 利用します（ここではcls.dataで、クラス変数dataにアクセスしています）。

まとめ

▶ **メソッドは、第1引数としてself（インスタンス）を受け取るようにする**
▶ **インスタンス経由で呼び出すメソッドを「インスタンスメソッド」、ク ラスから呼び出せるメソッドを「クラスメソッド」と呼ぶ**

COLUMN　Pythonの機能を拡張する

第8章でも見たように、Pythonでは標準ライブラリが充実しており、これらを利用するだけでも基本的なアプリであれば開発できてしまいます。とはいえ、標準ライブラリだけでアプリのさまざまな要件をすべて満たすのは不可能です。

そのような要件は、いつも自前で関数／クラスを用意しなければならないのでしょうか。もちろん、そんなことはありません。

Pythonでは、世界中の開発者が作成したライブラリ（パッケージ）があまた用意されているからです。「PyPI - the Python Package Index」（https://pypi.org/）は、そのようなライブラリをまとめたサイトです。執筆時点では、じつに57万余のライブラリが公開されているのですから、驚きの分量です。

これらのライブラリを導入するのもカンタンです。Pythonには、標準でpipというパッケージ管理ツールが同梱されており、コマンド1つでパッケージをインストールできてしまいます。たとえばサーバー通信を行うためのrequestsというパッケージをインストールするならば、以下のようにするだけです。

```
> pip install requests
```

10-2　クラスにメソッドを追加する　291

クラスの機能を引き継ぐ

完成ファイル │ [1003] → [myclass.py]、[class_client.py]

予習 継承とは？

継承とは、もとになるクラスの機能（メソッド）を引き継ぎながら、新たな機能を追加したり、元の機能の一部だけを修正したりするしくみです。

たとえば 10-1 では Person というクラスを定義しましたが、これとほとんど同じ機能を持った BusinessPerson というクラスを定義したいとしたら、どうでしょう。すべてのコードを一から定義し直すのは、面倒なだけでなく、修正があった場合に修正箇所がばらけてしまうという意味でも、望ましい状態ではありません。

しかし、継承を利用すれば、一からコードを書き直す必要はありません。Person クラスを引き継ぎつつ、新たな機能だけを追加すれば良いからです。コードの変更が必要になった場合にも、共通した機能は継承元のクラスにまとまっているので、修正箇所を限定できます。

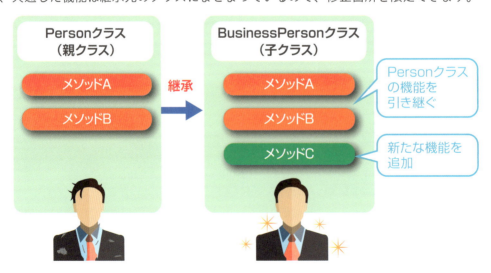

クラスを継承した場合、継承元のクラスを**親クラス**（または**スーパークラス**）、継承の結果できたクラスを**子クラス**（または**サブクラス**）と呼びます。

体験 継承を使ってクラスを定義する

1 Personクラスをコピーする

VSCodeのエクスプローラーから1002フォルダーの「myclass.py」を右クリックして❶、表示されたコンテキストメニューから[コピー]を選択します❷。

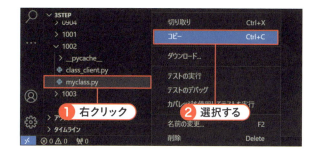

2 貼り付ける

1003フォルダーを右クリックして❶、表示されたコンテキストメニューから[貼り付け]を選択します❷。

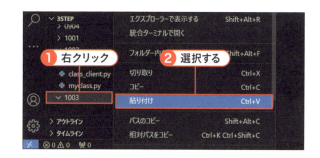

3 BusinessPersonクラスを定義する

❶でコピーしたファイルを開いて、右のようにコードを追加します。Personクラスを継承したBusinessPersonクラスを定義し❶、初期化メソッド❷とworkメソッド❸を追加します。
入力を終えたら、🖫（すべて保存）から保存してください。

```
12: class BusinessPerson(Person):
13:     def __init__(self, name, height, weight, title):
14:         super().__init__(name, height, weight)
15:         self.title = title
16:
17:     def work(self):
18:         print(self.title, 'の', self.name, 'は働いています。')
```

10-3 クラスの機能を引き継ぐ 293

4 BusinessPersonクラスを呼び出す

P.59の手順に従って、1003フォルダーに「class_client.py」という名前でファイルを作成します。
エディターが開いたら、右のようにコードを入力します。BusinessPersonクラスをインスタンス化し❶、bmiメソッド❷とworkメソッド❸を呼び出しています。
入力を終えたら、■(すべて保存)から保存してください。

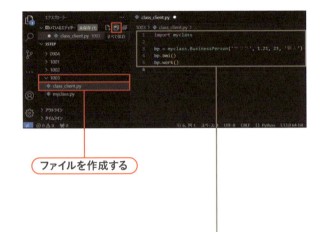

ファイルを作成する

```
01: import myclass
02:
03: bp = myclass.BusinessPerson('サクラ', 1.21, 23, '新人')   ❶
04: bp.bmi()   ❷
05: bp.work()   ❸
```

5 コードを実行する

[エクスプローラー]ペインからclass_client.pyを右クリックし❶、表示されたコンテキストメニューから[ターミナルでPythonファイルを実行する]を選択します❷。ファイルが実行されて、「サクラの〜」というメッセージが表示されることを確認してみましょう。

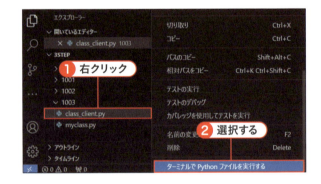

```
PS C:\3step> & C:/Users/nami-/AppData/Local/Programs/
Python/Python313/python.exe c:/3step/1003/class_client.py
サクラ のBMI値は 15.709309473396626 です。
新人 の サクラ は働いています
```

表示された

理解 継承によるクラス定義を理解する

クラスを継承する

クラスを継承する基本的な構文は、以下の通りです。

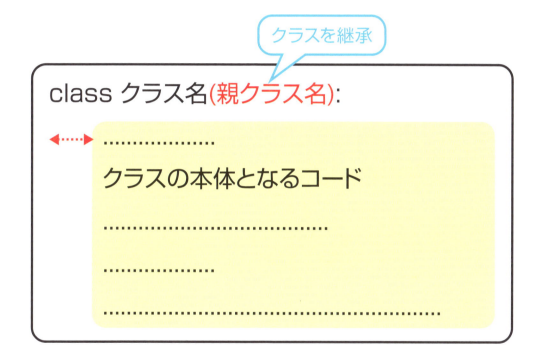

class命令でクラスを指定した後、丸カッコの中に継承したいクラスを指定します。
実際、親クラスの機能が子クラスに引き継がれていることは、体験❹〜❺でも確認できます。
BusinessPersonで新たに定義しているのは、初期化メソッド（__init__）とworkメソッドですが、Personクラスで定義したbmiメソッドも、あたかもBusinessPersonクラスの一部であるかのように呼び出せています。

親クラスのメソッドを呼び出す

継承を利用することで、親クラスのメソッドを子クラスで上書きすることもできます。これをメソッドの**オーバーライド**と言います。

体験❷では、BusinessPersonが、（Personクラスで定義された）インスタンス変数name、height、weightに加えて、title（職位）を追加していますので、初期化メソッドでもtitleを設定できるようにオーバーライドしています。

まずは、そのような初期化メソッドを、なんの工夫もなく表したのが、以下です。

```
class BusinessPerson(Person)
    def __init__(self, name, height, weight, title)
        self.name   = name
        self.height = height
        self.weight = weight
        self.title = title
```

しかし、上のようなコードはあまり望ましくありません。というのも、赤字の部分はPersonクラスでも書かれていたコードです（P.278を確認してみましょう）。折角、継承を利用しているのに、結局はコードが重複してしまうのでは継承した意味が半減してしまいます（代入だけのコードであればまだしも、コードがより複雑になればなおさらです）。

そこで、赤字の部分は親クラスの初期化メソッドを呼び出すようにすれば良いのです。それがsuper関数の役割です。

▼構文　super関数

```
super().メソッド名(引数, ...)
```

これで子クラスから親クラスのメソッドを呼び出せるので、親クラスの機能を利用しながら、子クラス独自のメソッドを定義できるのです。これであれば、親クラスに変更があっても、子クラスに影響が及ぶことはありません。

また、体験では__init__メソッドを呼び出していますが、同じ要領で他のメソッドを呼び出すことも可能です。

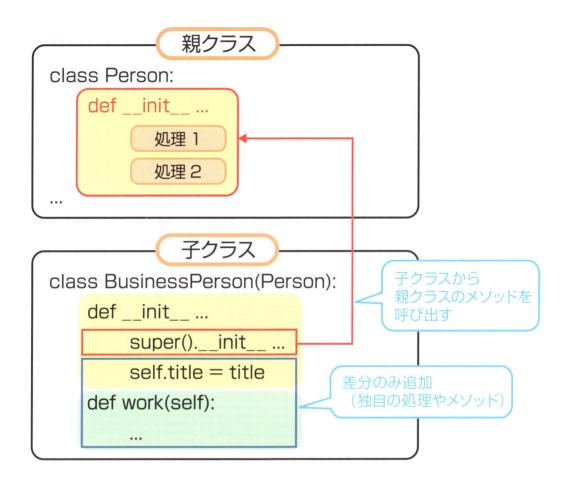

まとめ

▶あるクラスの機能を引き継いで、新たなクラスを定義することを「継承」と呼ぶ
▶クラスを継承するには「class クラス名(親クラス名)」のように表す
▶子クラスで親クラスのメソッドを呼び出すには、「super().メソッド名(...)」とする

10-3 クラスの機能を引き継ぐ

Pythonで型を宣言する

完成ファイル [1004] → [myclass.py]、[class_client.py]

予習 Pythonで型をはっきりさせる

4-2でも触れたように、Pythonは型に寛容な言語です。つまり、数値が格納されていた変数に文字列を代入しても怒られることはありません。Pythonが値の種類に応じて、器の方を変化させてくれるからです。

しかし、このような寛容さは、ユーザー定義関数／クラスのような部品を利用するようになると、不親切に思えてきます（定義した側が数値を求めていたのに、利用者が文字列を渡したとしても、Pythonは黙って受け取るだけです）。意図しない値によって、あとで思わぬ問題が起こるくらいならば、きちんと型が制限されていた方が便利なのです。

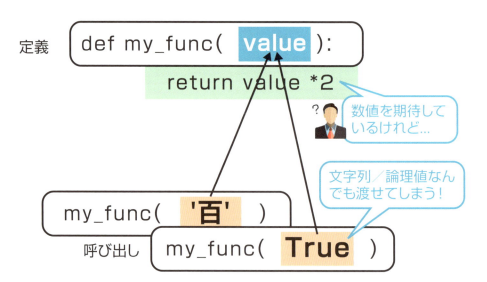

そこで最近のPythonでは、変数、引数などに型を指定することができるようになっています。このような型指定の記法を**型アノテーション**と言います。

体験 型アノテーションを使ってクラスを定義する

1 ファイルをコピーする

VSCodeのエクスプローラーから1001フォルダーの「myclass.py」を右クリックし①、表示されたコンテキストメニューから[コピー]を選択します②。

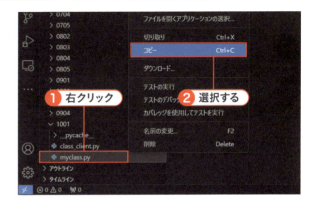

2 貼り付ける

1004フォルダーを右クリックし①、表示されたコンテキストメニューから[貼り付け]を選択します②。

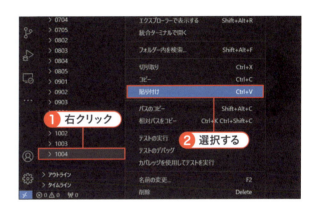

3 型アノテーションを追加する

①でコピーしたファイルを開いて、右のように編集します。初期化メソッドの引数、戻り値に対して、型を追加します①。
編集できたら、■(すべて保存)から保存してください。

```
01: class Person:
02:     def __init__(self, name: str, height: float, weight: float) -> None:
03:         self.name = name
04:         self.height = height
05:         self.weight = weight
```

4 Personクラスをインスタンス化する

P.59の手順に従って、1004フォルダーに「class_client.py」という名前でファイルを作成します。

エディターが開いたら、右のようにコードを入力します。それぞれPersonクラスをインスタンス化し❶、インスタンス変数weightを表示しています❷。

入力を終えたら、■（すべて保存）から保存してください。

ファイルを作成する

Tips
この時点で、「参拾」の部分に赤い波線で警告が発生します。しかし、これは意図した問題なので、現時点では無視して構いません。

```
01: import myclass
02:
03: p1 = myclass.Person('サクラ', 1.21, 23)     ❶
04: print(p1.weight)                            ❷
05:
06: p2 = myclass.Person('キラ', 1.35, '参拾')   ❶
07: print(p2.weight)                            ❷
```

5 コードを実行する

[エクスプローラー]ペインからclass_client.pyを右クリックし❶、表示されたコンテキストメニューから[ターミナルでPythonファイルを実行する]を選択します❷。ファイルが実行されて、それぞれのインスタンス変数weightの値が表示されることを確認してみましょう。

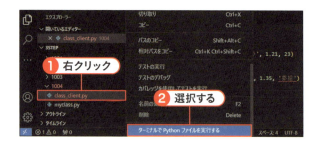

```
PS C:\3step> & C:/Users/nami-/AppData/Local/Programs/Python/Python313/python.exe c:/3step/1004/class_client.py
23
参拾
```
表示された

理解 | ## 型アノテーションを理解する

型アノテーションの基本

型アノテーションは、以下の形式で表します。

```
                        引数の型           戻り値の型
def __init__(self, name: str, ...) -> None
```

本来の引数の後ろに「: 型名」、引数リストの後ろに「-> 型名」の形式で、それぞれ指定します。引数にデフォルト値が存在する場合も、デフォルト値の前に型を表します。

```
def __init__(self, name: str, height: float = 1.7,
weight: float = 60) -> None:
```

型アノテーションで指定できる型

型アノテーションで指定できる型には、以下のようなものがあります。

型	概要
str	文字列
int	整数
float	浮動小数点数
bool	論理値 (True、False)
list	リスト
tuple	タプル
set	セット
dict	辞書
None	戻り値がない
クラス名	指定されたクラスのインスタンス

よって、体験3の例では、初期化メソッドが「引数name (str型)、height (float型)、weight (float

型)を受け取り、戻り値はない」ことを表すことになります（初期化メソッドは常に戻り値がないのでした）。

ちなみに、第1引数のselfは、メソッドであることを表すための便宜的な引数なので、一般的には型は書かないのが普通です。

補足：ジェネリック型

リスト、セットなどの型では、単に「リストであること」を示すだけでなく、中に含まれる要素の型まで指定する必要があります。

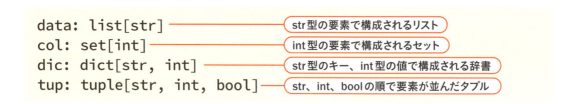

このように[...]で関連する型を表現するしくみのことを**ジェネリクス**、ジェネリクスを用いた型を**ジェネリック型**と言います。

型アノテーションはあくまで警告だけ

型アノテーションはあくまでエディター（型アノテーションに対応したツール）が警告するだけのしくみです。体験❹でも見たように、基本的な違反はエディターが警告してくれますが、実行時にはそのまま実行できてしまう点に注意してください（体験❺）。

警告の詳細を確認するには、波線の上にカーソルを乗せてください。

COLUMN 関数、変数の型アノテーション

型アノテーションは、メソッドだけで利用できるものではありません。変数、関数などでも利用できます。

```
msg: str = 'こんにちは' ── 変数
def get_triangle(base: float, height: float) -> float: ── 関数
```

まとめ

- ▶型アノテーションを利用することで、あらかじめ受け渡しする型を制限できる
- ▶メソッドでは「def メソッド名(引数: 型, ...) -> 戻り値型:」のように表す
- ▶型違反は警告として通知されるだけで、実行時にエラーとなるわけではない

第10章 練習問題

●問題1

以下は、Animalクラスを定義し、これを呼び出すためのコードです。Animalクラスが満たすべき条件は、次の通りです。空欄を埋めて、コードを完成させてください。

・インスタンス変数としてname（名前）、age（年齢）を持つ
・インスタンス変数の値を表示するshowメソッドを持つ

```python
# animal.py

  ①    Animal:
    def   ②  (   ③  , name: str, age: int) -> None:
           ③  .name = name
           ③  .age = age

    def   ④  (   ③  ) -> None:
        print(self.name, ':', self.age, '歳')
```

```python
# animal_client.py

  ⑤
ani = animal.Animal('トクジロウ', 2)
ani.   ④  ()
```

●問題2

1で作成したAnimalクラスを継承して、Hamsterクラスを作成してみましょう。Hamsterクラスは、Animalクラスのそれに加えて、インスタンス変数type（種類）を設定できるものとします。空欄を埋めて、コードを完成させてください。

```python
# animal.pyの続き

class Hamster   ①  :
    def __init__(self, name: str, age: int,   ②  ):
           ③  .__init__(name, age)
        self.type = type


# モジュールテスト用のコード
if   ④  :
    h = Hamster('サクラ', 1, 'スノーホワイト')
    print(h.type)
```

304 第10章 クラス

練習問題解答

第**1**章 練習問題解答

◉ 問題1

① スクリプト　② インタプリター　③ マルチパラダイム　④ オブジェクト
⑤ データ　　　⑥ 機能（⑤、⑥は逆でも可）

Pythonという言語を理解するためのキーワードをまとめています。複数の切り口からPython
の特徴を掴んでください。

◉ 問題2

（×）　マシン語でプログラムを表すのは困難なので、現在では高級言語を利用するのが一般
　　　的です。Pythonは高級言語の一種です。

（○）　正しい記述です。

（×）　Pythonは、オブジェクト指向構文に対応していますが、それだけではありません。
　　　手続き型言語、関数型言語などさまざまな概念を組み合わせて、プログラムを作成でき
　　　ます。

（○）　正しい記述です。

（×）　オブジェクトは「データ」とデータを扱うための「機能」とから構成されます。

第2章 練習問題解答

● 問題1

（×）　本家サイトで提供されているパッケージをはじめ、特定用途向けに機能を追加した
　　　　Pythonディストリビューションを利用しても構いません。

（×）　最低限、コードエディターがあればPythonの開発は可能です。

（×）　Visual Studio Codeは、WindowsはもちろんLinux、macOSなどの環境で利用でき
　　　　るコードエディターです。

（○）　正しい記述です。

● 問題2

ターミナルから「python」コマンド（macOSの場合はpython3コマンド）を実行してください。以下のような結果が表示されます。

```
PS C:\Users\nami-> python
Python 3.13.0 (tags/v3.13.0:60403a5, Oct  7 2024, 09:38:07) [MSC
v.1941 64 bit (AMD64)] on win32
Type "help", "copyright", "credits" or "license" for more information.
```

第3章 練習問題解答

● 問題1

pythonコマンド（macOSの場合はpython3コマンド）でPythonシェルを起動し、以下のように式を入力してください。Pythonの世界では「×」「÷」は「*」「/」で表す点に注意です。

```
PS C:\Users\nami-> python
Python 3.13.0 (tags/v3.13.0:60403a5, Oct  7 2024, 09:38:07)
[MSC v.1941 64 bit (AMD64)] on win32
Type "help", "copyright", "credits" or "license" for more
information.
>>> 5 * 3 + 2
17
>>> 4 - 6 / 3
2.0
```

● 問題2

（×）　Shift-JIS、JISなどを利用することもできます。ただし、文字コードを明示的に宣言し
　　　　なければならないなどの制約もあり、あえて利用しなければならない理由はありません。
　　　　まずは、Python標準のUTF-8を利用してください。

（○）　正しい記述です。

（×）　バッククォートはダブルクォートの誤りです。

（×）　「+」は「,」（カンマ）の誤りです。

（○）　正しい記述です。

● 問題3

1. `print("I'm from Japan.")`
   文字列にシングルクォートが含まれるので、文字列そのものはダブルクォートで括らなけれ
   ばなりません。エスケープシーケンスを使って、以下のように書いてもOKです。
   `print('I\'m from Japan.')`

2. `python data/sample.py`
   ファイルからコードを実行するにはpythonコマンド（macOSの場合はpython3コマンド）を
   利用します。dataフォルダー配下とあるので、「data/〜」のようにパスを指定します。

3. `print('10＋5は', 10 + 5, 'です。')`
   複数の値を連続して出力するには、カンマ区切りで値を列挙したものをprint関数に渡します。

第4章 練習問題解答

● 問題1

(×)　文字列に対しても利用できます。「+」は文字列を連結しますし、「*」は文字列を指定回数繰り返します。

(○)　正しい記述です。

(×)　見た目は数値ですが、実体はクォートで括られた文字列なので、文字列の連結となります。結果は1020です。

(×)　「NameError: name '変数名' is not defined」のようなエラーとなります。

(×)　できます。Pythonの変数は型に寛容なので、型の異なる値を自由に入れ替え可能です。

● 問題2

1.　変数の先頭文字に数値を利用することはできません。
2.　正しい（アルファベットとアンダースコアの組み合わせは可能）。
3.　「-」を変数名に利用することはできません。
4.　予約語（Pythonで意味を持つ単語）は変数名にはできません。
5.　正しい。

ただし、5については望ましい名前ではありません。大文字で付けられた名前は、特別な意味を持つように採られてしまうからです。

● 問題3

誤りは、以下の4点です。

- input関数の戻り値は文字列なので、演算する前にfloat関数で数値に変換しなければなりません（2か所）。
- 3文目の末尾のセミコロン (;) は不要です。
- 4文目は文字列と数字を連結しようとしているので、エラーとなります。カンマで列挙します。

正しいコードはP.97でも扱っていますので、こちらも合わせて参照してください。

練習問題解答　309

第5章 練習問題解答

◉問題1

① リスト　　② 要素　　③ 添え字（インデックス番号）　　④ タプル
⑤ 辞書　　⑥ セット

リスト／辞書／セット／タプルは、Pythonを利用する上で覚えておきたい基本的な型です。単に構文だけでなく、それぞれの特徴を理解しておいてください。

◉問題2

```
1.  list = ['あ', 'い', 'う', 'え', 'お']
2.  list.append('いろは')
3.  dic = {'flower': '花', 'animal': '動物', 'bird': '鳥'}
4.  dic.clear()
5.  set = {'あ', 'い', 'う', 'え', 'お'}
```

リスト／辞書／セットで、それぞれ書き方が微妙に似ています。混同しないよう、ここで改めて互いの構文の違いも確認しておきましょう。

◉問題3

```
['佐藤次郎', '小川裕子', '井上健太']
```

リストに関わる基本的なメソッドの挙動を、コードを追いながら再確認してください。

310 練習問題解答

第6章 練習問題解答

● 問題1

① int　　② input　　③ if　　④ elif　　⑤ point >= 70　　⑥ point >= 50　　⑦ else

たとえば⑤は「point >= 70 and point < 90」のように表しても誤りではありませんが、上の条件式で90以上のものは除かれているはずなので、あえて冗長な書き方をする必要はありません。

● 問題2

誤っているポイントは、以下の通りです。

- input関数からの入力値は文字列なので、比較の前にint関数で整数に変換します（2か所）。
- 最初の条件式は「両方が正しい場合」なので、「answer1 == 1 and answer2 == 5」です。
- 入れ子になったelif／elseブロックのインデントがずれています。

以上を修正した正しいコードは、以下の通りです。

```
01: answer1 = int(input('解答1の値は？'))
02: answer2 = int(input('解答2の値は？'))
03:
04: if answer1 == 1 and answer2 == 5:
05:     print('両方が正解')
06: else:
07:     if answer1 == 1:
08:         print('解答1だけが正解')
09:     elif answer2 == 5:
10:         print('解答2だけが正解')
11:     else:
12:         print('両方が不正解')
```

練習問題解答　311

第7章 練習問題解答

● 問題1

① 0　　② num <= 100　　③ +=　　④ result

変数に値を足しこむには、「+=」演算子を利用するのでした。また、条件式（②）は「num < 101」でも正解です。

● 問題2

以下のようなコードが書けていれば正解です。Pythonでは、特定の数値範囲を繰り返すための専用構文はありませんので、range関数で1～100の値リストを作成してやるのがポイントです。

```
01: # range.py
02:
03: result = 0
04:
05: for i in range(1, 101):
06:     result += i
07:
08: print('1～100の合計値は', result)
```

● 問題3

誤っている点は、以下の通りです。

- リストは、[...]の形式で表します。
- for...toではなく、for...inです。
- breakはcontinueの誤りです。

以上を修正したコードは、以下の通りです。

```
01: # repeat.py
02:
03: data = ['あ', 'い', '×', 'ろ', 'ん']
04:
05: for elm in data:
06:     if elm == '×':
07:         continue
08:     print(elm)
```

第8章 練習問題解答

● 問題1

以下のようなコードが書けていれば正解です。

1. `print(txt[2:5])`
2. `print(txt.split(','))`
3. `txt = '{0}は{1}です。'`
   `print(txt.format('サクラ','ハムスター'))`
4. `from math import floor`

● 問題2

① import　　② today()　　③ today.year　　④ datetime.timedelta　　⑤ +

datetimeモジュール配下のdate、time、datetime、timedeltaなどはいずれもよく利用する型です。値の表し方、よく利用する加減算についてはきちんと理解しておきましょう。

練習問題解答　313

●問題3

誤りは、以下の3点です。

- ファイルを読み込む場合、open関数にはrモードを指定しなければなりません。
- ファイルの文字エンコーディングを指定する場合、明示的に「encoding=」を指定します。
- 行単位でファイルを読み込んだ場合、行末の改行が残ってしまうので、print関数には「end=''」を渡し、改行コードの出力を止めます。

修正したコードはP.239でも紹介していますので、合わせて確認してみてください。

第9章 練習問題解答

●問題1

① def　　② = 10　　③ return　　④ get_trapezoid　　⑤ upper =　　⑥ height =

関数はdef命令で定義します。引数のデフォルト値は「引数名＝値」で表します。⑤、⑥はキーワード引数です。キーワード引数を利用することで、省略可能な引数を任意の順番で指定できます。

●問題2

赤字のコードを消さない場合：① hoge　　② foo
赤字のコードを消した場合　：① foo　　② foo

グローバル変数とローカル変数とで同名の変数がある場合、それぞれの変数は区別されます。ただし、関数の中で存在しないローカル変数にアクセスした場合には、グローバル変数に指定された変数がないかを探します。

314　　練習問題解答

^第**10**^章 練習問題解答

⬤ 問題1

① class   ② __init__   ③ self   ④ show   ⑤ import animal

クラスを新規に定義するのはclass命令、インスタンス変数などを初期化するのは__init__メソッドの役割です。メソッドは第1引数としてselfを受け取らなければいけません。

⬤ 問題2

① (Animal)   ② type: str   ③ super ()   ④ __name__ == '__main__'

子クラスを定義するには、「class 子クラス名(親クラス)」とするのでした。子クラスから親クラスのメソッドを呼び出すsuper関数の用法についてもきちんと押さえておきましょう。

練習問題解答　315

索引

■記号

__init__ ･････････････････････････････ 283
__main__ ･････････････････････････････ 273
__name__ ･････････････････････････････ 273
.py ･････････････････････････ 055, 059, 270
'(シングルクォート) ････････････････････ 068
"(ダブルクォート) ･･･････････････････････ 068
#(コメント) ･･････････････････････ 072, 077
¥(円マーク) ･･････････････････････････ 064
\(バックスラッシュ) ･･････････････ 064, 070
\n ･････････････････････････････････ 212
\t ･････････････････････････････････ 212

■A～B

add ･････････････････････････････････ 133
and ･････････････････････････････････ 165
append ･････････････････････････････ 115
as ･･････････････････････････････････ 220
break ･･････････････････････････ 196, 200

■C～E

case ･･･････････････････････････････ 172
class ･･････････････････････････････ 280
clear ･･････････････････････････････ 116
CLIシェル ･･････････････････････････ 031
close ･･････････････････････････････ 234
Command Line Interface シェル ･･････････ 031
continue ･･･････････････････････ 202, 204
date ･･････････････････････････ 225, 228
datetime ･･････････････ 222, 225, 228

■F～L

def ･････････････････････････････････ 248
elif ･････････････････････････････ 150, 154
else ･･･････････････････････････････ 149

False ･････････････････････ 66, 132, 140
find ･････････････････････････････････ 211
float ･･･････････････････････････････ 100
floor ･･･････････････････････････････ 220
for ･････････････････････････････ 184, 192
format ･･･････････････････････････････ 214
if ･･････････････････････････････ 147, 149
import ･･････････････････････････････ 219
in ･･････････････････････････････ 132, 142
input ･･････････････････････････････ 096
insert ･･････････････････････････････ 115
int ･････････････････････････････････ 086
items ･･････････････････････････････ 185
keys ･･････････････････････････････ 186
len ･････････････････････････････････ 109

■M～O

match ･･････････････････････････････ 172
math ･･････････････････････････････ 219
not ･････････････････････････････････ 167
now ･････････････････････････････････ 229
open ･･････････････････････････････ 232
or ･･････････････････････････････････ 166

■P～W

pass ･･･････････････････････････････ 280
pip ･････････････････････････････････ 291

316　索引

Index

pop	116
PowerShell	031
print	065
Python	012, 023
PYTHONPATH	271
Python インタラクティブシェル	052
Python シェル	034, 052
Python ディストリビューション	035
range	192
read	240
readlines	241
remove	116, 133
REPL	056
return	248
rstrip	242
self	283
set	131
split	212
str	086
super	296
time	228
timedelta	228
today	225
True	66, 132, 140
type	087
values	187
Visual Studio Code	036
while	178
with	235
write	233

■あ行

値	187
アトリビュート	227
アプリ	013
アプリケーション	013
アンダースコア記法	095
入れ子	156
インスタンス	225
インスタンス変数	227, 282
インスタンスメソッド	226, 290
インストール（Python）	028
インストール（Visual Studio Code）	036
インタプリター言語	019
インデックス番号	107
インデント	075, 148
インポート	219
エスケープシーケンス	070, 212
演算子	056
オーバーライド	296
オブジェクト	024
オブジェクト指向	024
オブジェクト指向言語	023
親クラス	292

■か行

改行	070, 076
返り値	099
型	082
型アノテーション	298
かつ	165
仮引数	249
カレントフォルダー	062

索引　317

環境変数 ……………………………… 271	実行エンジン ……………………… 028
関数 ………………………………… 065	実行形式 …………………………… 018
関数型言語 ………………………… 022	実引数 ……………………………… 249
キー ………………………………… 186	条件式 ………………………… 147, 178
キーワード引数 …………… 228, 258, 263	条件分岐 …………………………… 144
空白 …………………………… 072, 076	初期化 ……………………………… 092
組み込み関数 ……………………… 065	初期化メソッド ……………… 225, 283
クラス ………………………… 115, 276	真偽値 ……………………………… 140
クラス変数 ………………………… 284	スーパークラス …………………… 292
クラスメソッド ……………… 226, 290	スクリプト ………………………… 017
繰り返し …………………………… 176	スクリプト言語 …………………… 017
グローバル変数 …………………… 250	スコープ …………………………… 250
継承 ………………………………… 292	スネーク記法 ……………………… 095
高級言語 …………………………… 015	スライス構文 ……………………… 109
構造的パターンマッチング ……… 173	セット ……………………………… 128
コード ……………………………… 018	添え字 ……………………………… 107
コードエディター ………………… 036	ソースコード ……………………… 018
子クラス …………………………… 292	
コメント ……………………… 072, 077	**■た行**
コメントアウト …………………… 079	ターミナル ………………………… 030
コンソール ………………………… 031	代入 ………………………………… 092
コンパイル ………………………… 018	対話型 ……………………………… 052
コンパイル言語 …………………… 019	タプル ……………………………… 127
	逐次翻訳言語 ……………………… 019
■さ行	データ型 …………………………… 082
サブクラス ………………………… 292	テキストエディター ……………… 036
参照 ………………………………… 093	デコレーター ……………………… 290
ジェネリクス ……………………… 302	手続き型言語 ……………………… 022
ジェネリック型 …………………… 302	デフォルト値（引数）……………… 262
しかも ……………………………… 165	
字下げ ………………………… 075, 148	**■な〜は行**
辞書 ………………………………… 118	ネスト ……………………………… 156

Index

バックスラッシュ	064
ヒアドキュメント	078
比較演算子	136
引数	099, 249
標準ライブラリ	208
ブール値	140
フォーマット文字列	215
複合代入演算子	179
フローチャート	147
プログラマー	013
プログラミング	013
プログラミング言語	013
プログラム	013
ブロック	148
文	070
ベン図	167
変数	088
変数名	088

■ま行

マシン語	015
または	166
マルチパラダイム言語	022
メソッド	110, 114
文字エンコーディング	064
文字コード	064
文字化け	064
モジュール	216, 219
文字列	066
戻り値	099

■や行

ユーザー定義関数	065, 246
要素	107
予約語	094

■ら行

ライブラリ	020, 208
リスト	104, 180
リテラル	225
ループ	176
ローカル変数	250
論理演算子	162

索引　319

- ブックデザイン
  小川 純（オガワデザイン）
- カバーイラスト
  日暮 真理絵
- DTP
  安達 恵美子
- 編集
  矢野 俊博
- 技術評論社ホームページ
  https://book.gihyo.jp
- 本書のサポートページ
  https://gihyo.jp/book/2025/978-4-297-14766-2/support

3ステップでしっかり学ぶ
Python入門［改訂2版］

2018年　6月　7日　初版　第1刷発行
2025年　4月　1日　2版　第1刷発行

著　者　山田 祥寛、山田 奈美
発行者　片岡 巌
発行所　株式会社技術評論社
　　　　東京都新宿区市谷左内町21-13
　　　　電話　03-3513-6150　販売促進部
　　　　　　　03-3513-6160　書籍編集部

印刷／製本 株式会社シナノ

定価はカバーに表示してあります。

造本には細心の注意を払っておりますが、万一、乱丁（ページの乱れ）や落丁（ページの抜け）がございましたら、弊社販売促進部までお送りください。送料弊社負担にてお取り替えいたします。

本書の一部または全部を著作権法の定める範囲を超え、無断で複写、複製、転載、テープ化、ファイルに落とすことを禁じます。

ISBN978-4-297-14766-2 C3055
Printed in Japan

© 2025　有限会社 WINGSプロジェクト

●お問い合わせについて

本書の内容に関するご質問は、下記の宛先までFAXまたは書面にてお送りください。なお電話によるご質問、および本書に記載されている内容以外の事柄に関するご質問にはお答えできかねます。あらかじめご了承ください。

〒162-0846
東京都新宿区市谷左内町21-13
株式会社技術評論社　書籍編集部
「3ステップでしっかり学ぶ
Python入門［改訂2版］」質問係
FAX番号　03-3513-6167
URL●https://book.gihyo.jp/116

なお、ご質問の際に記載いただいた個人情報は、ご質問の返答以外の目的には使用いたしません。また、ご質問の返答後は速やかに削除させていただきます。